泥鳅
高效养殖
技术问答

NIQIU GAOXIAO YANGZHI JISHU WENDA

占家智 羊 茜◎编 著

海峡出版发行集团 | 福建科学技术出版社
THE STRAITS PUBLISHING & DISTRIBUTING GROUP | FUJIAN SCIENCE & TECHNOLOGY PUBLISHING HOUSE

图书在版编目（CIP）数据

泥鳅高效养殖技术问答 / 占家智，羊茜编著. —福州：福建科学技术出版社，2017.9
（特色养殖新技术丛书）
ISBN 978-7-5335-5375-3

Ⅰ.①泥… Ⅱ.①占… ②羊… Ⅲ.①泥鳅－淡水养殖－问题解答 Ⅳ.①S966.4－44

中国版本图书馆 CIP 数据核字（2017）第 140853 号

书　　名	泥鳅高效养殖技术问答	
	特色养殖新技术丛书	
编　　著	占家智　羊茜	
出版发行	海峡出版发行集团	
	福建科学技术出版社	
社　　址	福州市东水路 76 号（邮编 350001）	
网　　址	www.fjstp.com	
经　　销	福建新华发行（集团）有限责任公司	
印　　刷	福建省金盾彩色印刷有限公司	
开　　本	700 毫米×1000 毫米　1/16	
印　　张	11	
字　　数	176 千字	
版　　次	2017 年 9 月第 1 版	
印　　次	2017 年 9 月第 1 次印刷	
书　　号	ISBN 978-7-5335-5375-3	
定　　价	23.00 元	

书中如有印装质量问题，可直接向本社调换

前言

　　俗话说"天上的斑鸠，地下的泥鳅"，泥鳅被人们誉为"水中人参"。也正是因为泥鳅具有特别的风味和保健功能，而且味道鲜美、营养丰富，已经成为人们竞相食用的佳品，更是我国在国际市场上坚挺的出口创汇的淡水鱼类，尤其是在韩国、日本、马来西亚等国家，以及我国的香港和台湾地区深受人们的青睐。

　　发展泥鳅养殖业是调整农村产业结构、增强农民增收增效能力、拓展农村致富途径的一种有效方式，其养殖技术更是发展经济、富裕群众、增强出口创汇能力的有力保证。

　　基于以上的认识，加上在生产过程中的一些经验，我们编写了《泥鳅高效养殖技术问答》一书。本书在简要介绍泥鳅生物学特性的同时，重点介绍各种行之有效的泥鳅养殖技术，内容包括泥鳅的池塘养殖、网箱养殖、专养或套养、池沼养殖等技术，让广大读者能更直接、更形象地了解泥鳅，从而有利于开展泥鳅的养殖生产。

　　本书内容丰富，文字简练，以一问一答的方式编写，提出并解答了400多个在泥鳅养殖中最常见的问题，技术比较全面，养殖方案实用有效，可操作性强，适合全国各地泥鳅养殖区的养殖户参考，对水产养殖单位和养殖户及水产技术人员也有一定的参考价值。由于时间紧迫，书中难免会有失误，恳请读者朋友指正为感。

目录

第十一章　泥鳅的捕捞与运输 ……………………… (126)

第一章　概述

1. 你了解泥鳅吗?

泥鳅（*Misgurnus anguillicaudatus*）又称鳅、鳅鱼，属鱼纲鲤形目鳅科泥鳅属。俗话说"天上的斑鸠，地下的泥鳅"，泥鳅被人们誉为"水中人参"，具有较高的食用和药用价值。泥鳅肉质细嫩，肉味鲜美，营养丰富，蛋白质含量高，还含有脂肪、核黄素、磷、铁等营养成分，是国内外著名的滋补食品之一。在医用方面，民间用泥鳅治疗肝炎、小儿盗汗、皮肤瘙痒、腹水、腮腺炎等病，均有一定的疗效。泥鳅不仅是人们生活中常见的医用、保健食品，也是外贸出口的主要水产品之一，在国内外都属畅销水产品。

泥鳅是一种小型经济鱼类，长期以来人们总是从自然界中捕捉，很少进行人工养殖。由于它具有生命力强、适应环境能力强、疾病少、成活率高、繁殖快、饵料杂且易得等优势，因此从养殖角度来说，它是一种容易饲养又可获得高产的小型淡水经济鱼类，可以在池塘、网箱、庭院中养殖。

2. 泥鳅有多少种? 分布在什么地方?

全世界有 10 余种泥鳅，常见的有真泥鳅、大鳞泥鳅、大鳞副泥鳅、内蒙古泥鳅（埃氏泥鳅）、青色泥鳅、拟泥鳅、川崎泥鳅、二色中泥鳅等，这些各种各样的泥鳅，它们的外形相差无几。中国科学院水生生物研究所陈景星在 1981 年出版的《鱼类学论文集》中，认为我国境内的泥鳅共有 3 种：北方泥鳅、黑龙江泥鳅和真泥鳅。北方泥鳅主要分布于黄河以北地区，黑龙江泥鳅仅分布于黑龙江水系，真泥鳅在全国各地均有分布。近几年，我国除了大量养殖真泥鳅外，又发展了大鳞副泥鳅和日本的川崎泥鳅养殖，效果都不错。

泥鳅是温水性鱼类，广泛分布于中国、日本、朝鲜、俄罗斯及印度等地。泥鳅在我国分布很广，除青藏高原外，全国各地河川、池塘、沟渠、水田、湖泊及水库等淡水水域中均有分布，尤其在长江和珠江中下游流域分布极广。我们通常养殖的泥鳅是真泥鳅和大鳞副泥鳅，由于真泥鳅和大鳞副泥鳅外表区别不明显，人们通常把真泥鳅和大鳞副泥鳅统称为泥鳅。

3. 泥鳅在形态上有什么特性?

泥鳅的身体细长,前部呈长筒状,腹部宽圆,尾部侧扁,体长 4～17 厘米,头较尖,吻部向前突出,唇厚且软,有明显的细皱纹和小突起。下唇有 4 须突。口下位,呈马蹄形,眼和口较小。眼间隔宽于眼径,前鼻孔有短管状皮突。口须 5 对,吻须 1 对,上颌须和下颌须各 2 对,一大一小。须的尖端有能辨别出饵料所发出的细微化学分子变化的味蕾,能有效弥补泥鳅视力衰退所造成的不足。当然,泥鳅的须也是它们寻觅食物的灵敏度非常高的"探测器"。背鳍位于体中央稍后,臀鳍位于腹鳍基与尾鳍基的正中间。胸鳍侧下位,成年鱼呈圆形(雌鱼)或尖形且第一鳍条粗长(雄鱼)。腹鳍始于背鳍起点下方或略后,雄鱼鳍较长。尾鳍圆形。尾柄上下缘略有皮棱,身体上的鳞片细小,埋于皮下,所以一般都会认为它是无鳞鱼。体背及背侧灰黑色,并有黑色小斑点。肛门位臀鳍稍前方。体侧下半部白色或浅黄色,所以又被称为黄鳅,侧线侧中位,多不明显,尾柄基部上方有一黑色大斑。体表黏液丰富,适宜钻洞(图 1-1)。

图 1-1　泥鳅

4. 泥鳅的内部构造有什么特点?

泥鳅的咽喉齿一行,呈"V"字形排列,食道短而细,前部 1/3 左右膨大形成"工"字形胃,肠管直线型,短且粗。肠壁非常薄,有弹性,且有丰富的毛细血管网,能进行气体交换,有辅助呼吸的功能,我们称之为肠呼吸。

泥鳅共有 234 块骨骼,可以细分为头骨、鳃盖骨、眼窝内骨、颚弓、舌弓、鳃弓、中轴骨、肩腰带和魏氏器等。

5. 泥鳅是底栖性的鱼类吗?

泥鳅为温水性底栖鱼类,生命力强,喜欢栖息在常年有水的沟渠、塘堰、湖沼、稻田、水池等泥沙底的浅水区,或是腐殖质多的淤泥表层,喜中性至偏酸性的泥土,一般情况很少游到水体的上、中层活动,白天常钻入泥土中,夜出活动觅食。

6. 泥鳅为什么会耐低氧？

泥鳅比一般鱼类更耐低氧，它除了用鳃呼吸外，肠和皮肤也有呼吸作用。用肠呼吸是泥鳅特有的生理现象，其肠呼吸量可占全部呼吸量的 1/3 以上。泥鳅肠管直，肠壁薄，肠壁血管丰富、分布广，具有辅助呼吸、进行气体交换的功能。当水温上升或气候骤变、大雨来临之前水中缺氧时，泥鳅就会垂直游到水面吞吸空气，下沉时发出身体击打水面的声音。吞咽后的空气在肠管内进行气体交换，氧气被泥鳅各器官组织吸收利用，二氧化碳及多余的废气则由肛门排出，所以泥鳅能适应底层静水体的缺氧环境。如果水干涸或者冬季则钻入淤泥中，靠湿润的环境行肠道呼吸，可长期维持生命。

泥鳅对缺氧环境的耐受力，远胜于其他的养殖鱼类。因此，泥鳅是一种增产潜力很大的养殖鱼种，它适合于高密度养殖，且在运输过程不致因缺氧而死亡。据密封装置实验，在水温 24.5℃时，泥鳅幼鱼在水中溶解氧低到 0.48 毫克/升时才开始死亡，泥鳅成鱼在水中溶解氧低到 0.24 毫克/升时才开始死亡。池养情况下，缺氧时泥鳅会游至水面吞食空气，进行肠呼吸，因而，即使溶解氧低于 0.16 毫克/升，仍可安然无恙。

7. 泥鳅对温度有什么要求？

泥鳅对温度的适应能力比较强，研究表明，它的适宜水温在 15～30℃，最适水温为 25～27℃。泥鳅具有冬眠和夏眠这样自我保护的特性，当夏天水温超过 34℃或者是在冬季水温低于 6℃时，泥鳅就会进入夏眠状态或冬眠状态，这时，泥鳅会钻到 10～30 厘米深的泥土中，不吃不动，进入休眠状态。在天旱水体干涸时，泥鳅也会钻到泥土中夏眠。泥鳅具有皮肤呼吸和肠呼吸的特殊能力，在休眠期间，只要泥土中稍有水分湿润皮肤，泥鳅就能维持生命而不死亡。

8. 泥鳅会逃跑吗？

泥鳅的逃逸能力非常强，春夏季节雨水较多，当池水涨满或池壁被水冲出缝隙以及出现漏洞时，泥鳅会在一夜之间全部逃光，尤其是池水涨满时会从鳅池的进、出水口逃走。因此，养殖泥鳅时一定要提高警惕，务必加强防逃管理，进、出水口一定要有防逃设备，下雨时要加强巡池，检查进、出水口防逃设施是否完好。平时当水位达到一定高度时，要及时排水，防止池水溢出而造成泥鳅逃逸。另外在换水时也要做好进、出水口的防逃措施。

9. 泥鳅吃食有什么特点?

泥鳅习惯在夜间吃食,因此在自然环境下,一般会在夜晚出来觅食,但在产卵期和生长旺盛期白天也摄食。产卵期的亲鳅比平时摄食量大,雌鳅比雄鳅摄饵多。在人工养殖时,经过驯养后也可改为白天摄食。水温低于10℃或高于30℃时停止摄食。无论是幼鳅,还是成鳅,对于光的照射都没有明显的趋避反应。

泥鳅的吃食有四大特点:一是泥鳅的吃食量比较大,而且比较贪食;二是随着泥鳅个体的增大,泥鳅一次吃饱的时间会逐渐延长,而一次饱食量占体重的百分比却不断下降;三是泥鳅对动物性饵料和植物性饵料的消化利用能力不同,总的来说,其对动物性饵料的消化利用能力要比植物性饵料快得多,相关的研究表明,泥鳅对浮萍的消化利用速度最慢,需7小时左右,而对蚯蚓的消化利用能力较快,只需4小时左右,因此我们在养殖泥鳅时,应尽可能地投喂动物性饵料或含动物蛋白较高的颗粒饲料;四是泥鳅在一昼夜中有两个吃食高峰期,一个在早上的7~10时,另一个在下午的16~18时,而在清晨的5时左右则有一个明显的吃食低潮,更重要的是,下午的吃食高峰期是最主要的,吃食量约占整天食量的70%,因此我们可以考虑在傍晚时投饵。

10. 泥鳅在自然条件下吃什么?

泥鳅是以动物性食物为主的杂食性鱼类,食性很广,一般摄食水蚤、水蚯蚓、昆虫、扁螺、水草、腐殖质土以及水中泥中的微小生物。在天然水域中,不同生长期的泥鳅,它的摄食对象有所不同。幼鱼期间喜吃动物性饵料,主要摄食小型甲壳类动物、水蚯蚓、水生昆虫等;成鱼期间则转以植物性饵料为主,如高等植物的种子、碎屑和藻类植物等,有时亦摄食水底泥渣中的腐殖质土。从体长和摄饵的关系来看,体长在5厘米以下时,主要摄食小型甲壳动物,如轮虫和枝角类动物、桡足类动物以及原生动物等动物性饵料;泥鳅的体长达5~8厘米时,除摄食小型甲壳动物外,还摄食水蚯蚓、摇蚊幼虫、丝蚯蚓、水生和陆生昆虫及其幼体、河蚬、幼螺、蚯蚓等底栖无脊椎动物;泥鳅的体长达8~9厘米时,摄食硅藻、绿藻类、蓝藻类和植物茎、根、叶、种子等;泥鳅的体长达10厘米以上时,以摄食植物性饵料为主,兼食其他饵料。

11. 泥鳅在人工饲养条件下吃什么?

人工饲养条件下,鱼苗阶段可投喂蛋黄和其他粉状饲料,也可投喂昆虫、水蚤、水蚯蚓等。鱼种阶段可投喂米糠、麸饼粉、蚕蛹粉等,这个阶段可以用堆放厕肥、鸡粪、牛粪、猪粪等方法培育浮游生物作鱼苗鱼种饲料。成鱼阶段用米糠、马铃薯渣、蔬菜渣、蚕蛹粉、麸饼粉等与猪粪或腐殖质土混合制成颗粒饲料或团状饲料投喂。需要强调的是一定要做到定时、定点、定质和定量喂食，饲料投喂不宜过多，日投饲量，鱼种阶段为鱼体重的 5%～8%，成鱼阶段为 5% 左右。开始时每天傍晚喂一次，以后驯化改为白天投饲，上、下午各投饲一次。由于泥鳅特别贪食，如果投喂过多易导致消化不良而胀死。

随着泥鳅个体的增大，一次饱食量占体重的百分比逐渐降低，一次饱食时间逐渐延长。泥鳅与其他鱼类混养时，常以其他鱼类吃剩的残饵为食，所以泥鳅常被称为鱼池中的"清洁工"。

12. 泥鳅在自然条件下生长速度如何？

自然环境中，泥鳅生长较慢，刚孵出的泥鳅苗，一般体长 3～4 毫米，1 个月后能长到 2～3 厘米，6 个月可长到 7 厘米左右，体重 3 克左右。在生长 10 个月后，体长可达 12 厘米，体重 10 克左右。此后，雌雄泥鳅生长便产生明显差异，雌鳅生长比雄鳅快。到了第二年泥鳅的生长速度要比第一年慢得多。据报道，雌鳅最大个体可达 20 厘米，重 100 克左右；雄鳅最大 17 厘米，重 50 克。

13. 泥鳅在人工养殖条件下生长速度如何？

泥鳅的生长速度和饵料、养殖密度、水温、性别、发育时期等密切相关，而饲料的质量和数量决定泥鳅的生长速度。在人工养殖中个体会出现较大的差异，这是正常的现象。

人工养殖条件下，刚孵出的泥鳅苗经 20 天左右饲养可长至 3 厘米以上，当年就能长到 10～12 厘米，即每千克 80～100 尾的商品鳅。泥鳅的人工养殖周期一般为一年，经 4～6 个月的饲养，泥鳅体重可增加 4～6 倍，第二年生长速度较第一年要慢，但肥满度增加。

14. 泥鳅有什么生殖习性？

泥鳅一般 1 冬龄性成熟，属于多次性产卵鱼类，成熟个体中往往雌泥鳅的比例大，雄泥鳅体长约达 6 厘米时便已性成熟。在自然条件下，4 月上旬水温达 18℃以上时开始繁殖，5～6 月，当水温达到 25～26℃时是产卵盛期，产卵一直延续到 9 月份，每次产卵需 4～7 天。繁殖的水温为 18～30℃，最适水温为 22～28℃。

15. 常见的泥鳅有哪些品种？各有什么特点？

人工养殖泥鳅是很好的致富门路，但是不同品种的泥鳅，它们生长速度不同，养殖收益也就不同。我们通常见到的泥鳅有以下几种：真泥鳅、沙鳅、花鳅、长薄鳅、带纹沙鳅、大鳞副泥鳅等。这几种都是有养殖价值的泥鳅，养殖者可以根据自己所在地的资源条件选择养殖。在我国大多数地区多以养殖真泥鳅为主。

真泥鳅也就是我们通常所说的泥鳅，经济价值较高，最适于养殖，具体特征在前面已经讲述。

沙鳅栖居于砂石底河段的缓水区，常在底层活动。吻长而尖。口须3对，体背有方形褐色斑点。体侧有两列纵连的褐色斑点，其中下列较大而明显。眼下刺分叉，末端超过眼后缘。各鳍均有黄白相间条纹。尾柄较低。体长12厘米以下。

花鳅又名大斑花鳅，广泛分布于我国东部地区各水系的浅水区。体长形，4～8厘米，侧扁。唇厚。有口须4对，有眼下刺，其基部为双叉形。侧线侧中位。腹侧白色。鳍淡黄色；体侧沿纵轴有6～9个较大的略呈方形的斑块，背鳍、尾鳍有小黑点，尾鳍基上侧有一亮黑斑。

长薄鳅以底层小鱼为主食，生活于江河中上游水流较急的河滩、溪涧。常集群在水底砂砾间或岩石缝隙中活动。一般个体重1.0～1.5千克，最大个体可达3千克。生殖期在3～5月份，卵黏附在砂石上孵化。

带纹沙鳅体长7～9厘米，最大可达20厘米，体长形，侧扁。头尖锥状，略侧扁。口下位，吻须2对，上颌须1对。背鳍始于体中央稍后，外缘斜直或略凹。体背侧暗绿灰或黄灰色，在体侧上方有12条黑褐色宽横纹；腹侧白色。头背侧有2条暗色纵纹。分布于从黑龙江到长江等水域多沙的江河底层。

大鳞副泥鳅形体较长而侧扁，腹部较浑圆，近圆筒形，头较短。口下位，马蹄形。下唇中央有一小缺口。鼻孔靠近眼。眼下无刺。鳃孔小。头部无鳞，体鳞较泥鳅为大。有须5对，口角一对最长，末端远超过前鳃盖骨后缘。胸鳍、腹鳍、臀鳍灰白色，背鳍及尾鳍具黑色小点。分布比较广泛。

16. 你了解台湾泥鳅吗？

近年来，台湾泥鳅的养殖比较火，其实台湾泥鳅就是大鳞副泥鳅的一种（图1-2），在中国多分布于长江中下游和台湾岛西北部的浅滩河流，其主要特点为长得快，尤其是雌鳅。20世纪90年代在湖北、浙江、广东各地养殖。

台湾泥鳅以生长周期短、味道鲜美而出名，因此具有广阔的市场前景。

图 1-2　台湾泥鳅

17. 泥鳅养殖前景如何？

泥鳅的营养价值相当高，而且还具有较高的药用价值，泥鳅市场需求量大。泥鳅养殖的国内外市场前景主要表现在以下几个方面。

首先，泥鳅的自然资源在不断减少，需要人工养殖来补充。在 20 世纪 90 年代以前，只要有水的地方，几乎都能看到泥鳅，一般在自然条件下每亩（1 亩＝1/15 公顷，下同）水田可产泥鳅 2 千克。但近年来，由于过度捕捞和淡水资源的污染，天然水域和水田里的泥鳅资源逐年减少，有的区域几乎已经绝迹。同时市场对泥鳅的需求量却逐渐上升，又加剧了对天然泥鳅资源的掠夺，导致泥鳅供应的缺口非常大，这给人工养殖泥鳅提供了机会。

其次，泥鳅的营养价值高、肉质细嫩、营养丰富，是一种高蛋白、低脂肪的高档水产品，受到越来越多消费者的青睐。近年来国际市场对我国泥鳅的订单连年增加，年需求量达到几十万吨，就目前我国的泥鳅产量来说，光依靠野生资源连国内的需求量都无法满足，更不用说出口了。因此现在泥鳅养殖的商机很大。预计在未来数年内，泥鳅市场仍将保持供不应求的状态。

再次，养殖泥鳅并不难。泥鳅适应能力很强，在池塘、湖泊、河流、水库、稻田等各种淡水水域中都能生存、繁衍，养殖技术也不难学。养殖泥鳅的投资可以几百上千元也可以上万元。泥鳅的生长期短、资金周转快、饲养方法简便、节省劳力、适应性广、回报率高。在稻田、湖泊、池塘或修建水泥池都能养殖泥鳅，养殖户可因地制宜，量力而行，选择适合自己的养殖方式进行养殖，只要做到科学管理，都能获得较高的回报。

最后一点就是泥鳅一年四季都能养殖、捕捞或囤养，所以经济效益不错。据报道，日本农民采用水稻、泥鳅轮作制，每年秋季以每 100 米² 水面放养 200 千克泥鳅的密度，大规模利用空闲稻田养殖泥鳅，投喂一些米糠、土豆渣、蔬菜渣等，经过一年可收获泥鳅 400 千克，而且养过泥鳅的稻田来年谷物产量更高。可见，泥鳅养殖具有明显的经济效益。

18. 泥鳅养殖为什么会迅速发展？

近十年来，泥鳅养殖在我国各地迅速发展，究其原因有如下几点。

一是泥鳅的价格和价值正被国内外市场接受，人们生产的优质泥鳅成品在市场上不愁没有销路。

二是泥鳅高效养殖的技术能够得到推广，许多地方乘着"科技下乡""科技赶集""科技兴渔"的东风，也将泥鳅的养殖技术进行重点推介，这些养殖与经营的一些关键技术已经被广大养殖户吸收。

三是泥鳅的活性、耐低氧能力非常强，而且它的食性杂，食物来源广泛且易得，既可以集团式的规模化养殖，也可以是千家万户的庭院式养殖，既可以在大水面或稻田中饲养，也可以在池塘或水泥池中饲养，既可以无土饲养，也可以有土饲养，既可以在网箱或池塘中精养，也可以在沟渠、塘坝、沼泽地中粗养，既可以常温养殖，也可以在大棚里进行反季节养殖。

四是只要苗种好，饲养技术得当，就可以当年投资当年受益，有助于资金的快速回笼。

正是泥鳅具有上述特点，人们在进行水产品结构调整时，往往把它作为首选品种。

19. 泥鳅有什么食用价值？

泥鳅的食用价值很高。泥鳅为高蛋白、低脂肪的高品位水产珍品，符合现代营养学要求，其肉质清淡、细嫩，味道鲜美又具有滋补作用，被誉为"水中人参"，既是宴席上常见的美味佳肴，又是百姓生活中的大众食品。其中"泥鳅钻豆腐"更是闻名中外的传统名菜。

20. 泥鳅有什么营养价值？

泥鳅的营养价值较高，含多种人体必需的营养成分，据分析，泥鳅的可食部分占整个鱼体的 80% 左右，高于一般淡水鱼类。每 100 克泥鳅肉中含有蛋白质 22.6 克、脂肪 2.31 克、碳水化合物 2.5 克、灰分 1.1 克、钙 51 毫克、磷 72 毫克、铁 3.0 毫克、硫黄酸 0.08 毫克、核黄素 0.16 毫克、烟酸 5.0 毫克，还含有维生素 A、B_1、C 等营养成分和较高的不饱和脂肪酸，其中维生素 B_1 的含量比鲫鱼、黄鱼、虾类高，维生素 A、C 也较其他鱼类高。泥鳅机体内的氨基酸总含量，尤其是 10 种人体必需氨基酸的含量高于大多数鱼类，在构成方面，鲜味氨基酸的含量远高于好几种名优鱼类，因此泥鳅是不可多得的营养品。

21. 泥鳅有什么药用价值？

泥鳅的药用价值较高。泥鳅性平，味甘，具"补中、止泄"之功效。《本草纲目》记载：泥鳅有暖中益气之功效，对肝炎、小儿盗汗、痔疮、皮肤瘙痒、跌打损伤、阳痿、乳痈等症状都有一定疗效。经现代医学临床验证，采用泥鳅食疗，既能强身，增加体内营养，又可补中益气，壮阳利尿；对儿童，年老体弱者，孕妇，哺乳期妇女以及患有肝炎、高血压、冠心病、贫血、溃疡病、结核病、皮肤瘙痒、痔疮下垂、小儿盗汗、水肿、老年性糖尿病等引起的营养不良、病后虚弱以及脑神经衰弱和手术后恢复期病人，具有开胃、滋补等功效。特别是在夏季，泥鳅特别肥美，是炎热夏天的良好补品，因此又被誉为"药参"。

22. 泥鳅是出口水产品吗？

泥鳅不仅在国内深受欢迎，在国际市场上也是畅销紧俏水产品，在我国港澳地区以及韩国、日本、马来西亚等地销路非常广，是我国传统的外贸出口商品。根据统计，日本的泥鳅需求量非常大，每年的销售量可达 4000 多吨，但它本国的产量每年仅有 1500 吨左右，其余的需要从国外进口。从进口的数量来看，日本的进口量 95％以上都是来自中国大陆。我国的泥鳅在日本的售价非常高，以 2014 年东京市场为例，在冬季从我国进口的冰鲜开膛泥鳅每千克价格高达 2300～2400 日元，折合人民币 155～160 元。

23. 泥鳅养殖有瓶颈吗？

泥鳅养殖作为新兴技术，目前在发展中仍存在着技术瓶颈，其主要表现在以下几个方面。

一是泥鳅部分疾病的防治还没有被完全攻克，针对泥鳅养殖特有的专用药物还没有开发，目前沿用的仍然是一些兽药或其他常规鱼药。例如，当鳅苗培育到 2.5 厘米时，稍有不慎就会大量死亡，鳅农们对此心惊肉跳，称其"寸片死"，具体是什么原因以及如何预防治，目前正在技术攻关中。

二是苗种市场比较混乱，炒苗现象相当严重，伪劣鳅种坑农害农的现象仍时有发生，给一些养殖户造成惨重损失。

三是泥鳅的深加工技术还跟不上。

24. 泥鳅养殖失败原因有哪些？

任何一种泥鳅养殖也和其他养殖一样不可能是一帆风顺的，根据我们的分析，造成泥鳅养殖失败的原因主要有以下几个方面。

一是没有泥鳅养殖的经验，没有任何思想准备和技术储备，盲目上马，跟风养殖，可能导致失败。

二是没有科学地建造养鳅池，不遵循泥鳅的生活规律，随便找个池塘放了泥鳅就完事，结果是泥鳅会在下雨天或在鳅池进排水时从进、出水口逃跑。

三是没有合适的苗种来源，通常在市场上随意购买泥鳅苗，苗种的质量得不到保证，放养后泥鳅大面积死亡而导致养殖失败。

四是不遵循泥鳅的生态习性，在泥鳅生病后，盲目用药，造成泥鳅大量死亡而导致养殖失败。

五是养殖户缺乏科学养殖管理泥鳅的知识，包括不知道如何管理水质，不知道何时投喂，也不知道投喂的量和饲料的营养要求，有的养殖户根本就不知道鳅池水位应保持多少，鳅池水体该如何达标，这样盲目管理也是导致养殖失败的原因。

25. 如何降低泥鳅养殖的成本？

养殖泥鳅除了要养出个体大、颜色艳丽、产量高的泥鳅外，科学管理、适当降低泥鳅的饲养成本更是提高经济效益的重要措施。如何才能有效地降低泥鳅养殖成本呢？可以通过以下几个措施获得。

一是因地制宜，根据各地具体的气候和水域条件，充分利用合适的水田、池塘等资源养殖泥鳅，节省建设投入。

二是充分发挥肥料的作用，培肥水质，为泥鳅提供天然饵料。但是要控制好肥料施用的量和次数，水质过肥，容易造成泥鳅缺氧，从而影响它的生长发育。

三是合理饲喂，提高饲料利用率。刚下池的泥鳅幼苗应投喂如轮虫、小型浮游植物、熟蛋黄等饲料。当泥鳅能摄食水中微小生物和动植物碎屑时，可将米糠、麸皮等植物粗粮与螺蚌、蚯蚓、黄粉虫等动物性饲料拌和投喂。可利用房前屋后大力培育蚯蚓、水蚤等活饵料。

四是做好泥鳅病害的防治工作促使泥鳅健康成长，尤其要注意预防鳅病，减少疾病造成的损失。只有成活率提高了，产量才能得到保证。

第二章　池塘养殖泥鳅

1. 泥鳅养殖方式有哪几种?

我国广阔的淡水水域,如江河湖泊、溪涧沟渠、山塘水库,以及烂泥田、山垅田、门前屋后水稻田等,凡富含有机质的肥水、淤泥,都可养殖泥鳅。泥鳅养殖技术有池塘养殖技术、专用池养殖技术、稻田养殖技术、庭院式养殖技术、水箱养殖技术、池塘混养套养技术、立体生态养殖技术等多种多样,养殖户可根据具体的情况和生产目的,因地制宜地发展泥鳅的养殖,收获不同规格要求的商品泥鳅。

2. 泥鳅养殖期长吗?

泥鳅的生长与饵料、饲养密度、水温、性别以及发育时期有非常大的关系,尤其是与饵料的适口、丰歉关系极大。在人工饲养条件下,刚孵出的泥鳅苗经 20 天左右培育便可长达 3 厘米,1 龄时可长成每千克 80～100 尾的商品鳅。因此每尾重 10 克以上的商品泥鳅,一般养殖期为 1 年左右。

3. 影响池塘养殖泥鳅效益的因素有哪些?

影响池塘养殖泥鳅产量和效益的因素主要有以下几个,养殖户应力求避免这些不利影响。

一是泥鳅苗种的质量影响效益。质量差的泥鳅苗种,多有以下几种情况:亲鱼培育得不好或近亲繁殖的泥鳅苗;泥鳅苗繁殖场的孵化条件差、孵化用具不洁净,产出的泥鳅苗带有较多病原体(如病菌、寄生虫等)或受到重金属污染;高温季节繁殖的苗;泥鳅苗太嫩;经过几次"包装、发运、放池"折腾的同批泥鳅苗。因此我们在进行泥鳅繁殖或引进泥鳅苗种时要注意避开这些风险。

二是泥鳅养殖池存在缺陷,具体表现为单个养殖池的面积太大,或水体过深,或因长年失修淤泥深厚等,导致池塘漏水、缺肥,致使泥鳅生长不好,发育不良。

三是泥鳅养殖池中残留毒性大，对泥鳅造成损伤，甚至导致大面积死亡，其原因是清塘时的药力尚未完全消失就放入苗种。若施用过量的没有腐熟或腐熟不彻底的有机肥作基肥，长期在这种水体中生活的泥鳅也会中毒。

四是泥鳅池中敌害生物太多，小泥鳅被大量捕食，以致泥鳅的成活率极低，当然产量也就极低。造成养鳅池中敌害生物太多的原因有泥鳅池没有清塘，或清塘不彻底；或用的是已经失效的药物；或在注水时混进野杂鱼的卵、苗，以及蛙卵等敌害生物。

4. 养殖泥鳅前要做好哪些准备工作？

我们在进行泥鳅养殖前，一定要做好以下的准备工作：一是做好心理准备；二是做好技术准备；三是做好养殖资金的准备；四是做好市场准备；五是做好养殖设施准备；六是做好养殖模式的准备。

5. 如何做好心理准备工作？

养殖户在决定饲养前一定要做好心理准备，可以先问问自己几个问题：自己决定了养殖泥鳅是吗？采用哪种方式养殖？是业余养殖还是专业养殖？风险系数是多大？对养殖的前景和失败的可能有多大的心理承受能力？决定投资多少？家里人是支持还是反对？等等。

6. 如何做好技术准备工作？

养殖泥鳅时如果没有掌握好喂养、防病治病等技术，会导致养殖失败。因此，在实施养殖之前，要做好技术储备，要多看书，多看资料，多上网，多向行家和资深养殖户请教一些关键问题，要把养殖中的关键技术都了解清楚了，然后才去养殖。也可以先少量试养，待掌握技术之后，再大规模养殖。

有许多朋友在初步了解泥鳅后，都认为身边的塘坝、沟坎里只要有水，就有大量的泥鳅，因此认为泥鳅肯定好养，不就是建个池塘，再投点饲料吗？如果是小打小闹地养着玩，这点技术可能够用，但是如果想把泥鳅产业做大做强，实现规模化养殖，最大限度地提高泥鳅的质量，同时将养殖成本降到最低，并实现可持续发展，那可不是件容易的事情。随着泥鳅产业化市场的不断变化、养殖技术和养殖模式的不断发展，我们在养殖泥鳅的过程中可能会遇到新的问题、新的挑战，这就需要我们不断地学习，不断地引进新的养殖知识和技术，而且能善于在现有在技术基础上不断地改革和创新，再付诸实践，总结提升成为适合自己的养殖方法。

7. 如何做好市场准备工作?

市场准备工作尤其重要,养殖前我们必须知道泥鳅的市场究竟怎么样?前景如何?养殖好的泥鳅怎么处理?是采用与供种单位合作经营,也就是保底价回收,还是自己生产出来自己到菜市场出售?是在国内销售还是出口?主要是为了供应鳅苗还是为了供应成鳅?如果一时卖不了或者是价钱不满意,那该怎么办?这些情况在养殖前如果没有预案,万一出现意想不到的情况时,养殖的那么多的泥鳅怎么处理,这也是个严峻的问题。

针对以上的市场问题,我们认为养殖者一定要做到眼见为实,以自己看到的事实来进行准确的判断,不要过分相信别人怎么说,更不要相信那些诱人的小广告。市场动态要靠自己去了解,去分析,去掌握,做到去伪存真,透过表面现象看事物真实的本质。

虽然目前泥鳅市场需求量很大,价格一路飙升,但同样存在风险,这是因为我国目前生产的泥鳅主要是出口到韩国和日本,一旦这两个国家的市场需求发生变化,就有可能造成极大的损失。特别是初次养殖泥鳅的养殖户,由于养殖规模较小,抵御市场风险能力相对要低一些。因此我们建议初次养殖泥鳅的养殖户和那些养殖面积较小的养殖户,应积极主动地向养殖大户或养殖基地靠拢,及时了解市场信息,做好市场准备工作,掌握合适的时机,方便时"搭车"销售。

8. 如何做好养殖设施准备工作?

养殖泥鳅前要做好设施准备工作,这些工作主要包括养殖场所的准备和饲料的准备。其他的准备工作还包括繁育池的准备、网具和药品的准备、投饵机和增氧设备的准备等。

养殖场所要选在适合泥鳅生长的地方,尤其是水质一定要有保障,另外供电和通讯也要有保障。"兵马未动,粮草先行",虽然养殖泥鳅的饲料来源比较广泛,但是在养殖前也必须准备好充足的饲料。生产实践已经证明,如果准备的饲料质量好,数量足,养殖的产量就高,质量就好,当然效益也就比较好。

9. 如何做好苗种准备工作?

在苗种市场有时会遇到一些所谓的技术公司和专家,用品质低劣的苗种或者是野生的苗种来冒充优质的或是提纯的良种,结果导致养殖户损失惨重。因此在养殖前一定要做好苗种准备。我们建议初次养殖的养殖户可以采取步步为营的方式,用自培自育的苗种来养殖,慢慢扩大养殖面积,效果很好,而且可以有效地减少损失。

10. 养殖泥鳅哪些方面需要资金准备?

泥鳅养殖需要资金作后盾,泥鳅的苗种、饲料需要钱,一些基础养殖设备需要钱,池塘需要租金,池塘改造和防敌害等都需要钱。因此,在养殖前必须筹措好资金。至于养殖泥鳅需要投资多少,由于市场是不断变化的,因此很难具体地回答。我们建议养殖户在决定养殖前,先去市场看看,再上网查查,多多请教有经验的养殖户和专业人士,最后再决定自己投多少资金。如果实在不好确定,也可以先尝试着少养一点,等到养殖技术熟练、市场明确时,再扩大生产也不迟。

11. 泥鳅的养殖模式有哪几种?

养殖模式的选择要根据实际情况而定。根据我们调查研究的结果,目前养殖泥鳅主要有以下几种模式。

一是自己养殖自己销售。这种养殖模式就是养殖户自行将养殖的成鳅拿到菜市场销售,或者是自己有专门的销售渠道,这样就可以减少中间环节,争取养殖效益的最大化,缺点是需要花费更多的精力和时间。

二是自己养殖供别人销售。这种养殖模式就是养殖户将养殖的成鳅以统价的方式卖给商贩,商贩将泥鳅筛选后,按规格或不同的市场要求再次出售。采用这种模式养殖时,一定要有可靠的销路保障,在养殖过程中一是要注意养殖成本的控制,二是要尽可能及时提供更多的优质产品,三是要及时回收资金,以利再生产。一时没能销出去的泥鳅也不要积压,可以另寻其他的买家。

三是走公司+农户的路子。以一家泥鳅养殖公司为基础,这家公司既可以是泥鳅的技术服务单位,也可以是供种单位,还可以是本地从事特种养殖的公司,由公司联系一家一户的农民从事泥鳅养殖,走公司+农户的养殖路子,通过政府搭桥、基层干部引导和公司上门服务,发展成一支精于养殖技术、防疫、加工、销售的专业队伍,形成了产、供、加、销"一条龙"的新型购销模式,促进产业结构调整,实现农企双赢。

公司+农户模式最典型的经营方式是,由养殖户负责提供养殖场所、负责筹措部分资金、提供劳动力,公司以低于市场价格为养殖户提供优质的苗种,并指定技术员上门进行技术指导,养殖出来的产品由公司按当初合同上约定的保底价格回收。

四是走合作社的路子。目前泥鳅养殖大都还处于零星散养的模式,这种传统的散户养殖经营,规模性小,信息流通差,产品质量低,市场竞争力也低,往往会发生养殖户增产不增收的矛盾。如何解决这些矛盾呢？在新形势下可以考虑创办泥鳅养殖专业合作社，依靠科技力量，充分发挥泥鳅养殖专业合作社技术人员的优势和特点，以科技示范户为基础，加强对市场的分析预测，为定向、定位、定量组织泥鳅养殖和销售提供决策依据，形成了一个技术、产、供、销网络。

作为合作社，就要有相应的规章制度。实行泥鳅养殖的科学管理，就要采取"七统一"的管理制度，即统一供种、统一技术、统一管理、统一用药、统一质量、统一收购、统一价格。购买苗种时，由合作社统一联系，邀请有资质有技术保障的公司送种到家，并负责技术指导。同时利用远程教育、广播、会议培训、发放技术资料等形式传授养殖技术。走合作社的路子不仅可以扩大当地泥鳅的养殖规模，还避免了养殖户之间无序的相互竞争压价。

12. 池塘养殖泥鳅的泥鳅池分为几种？

池塘养殖泥鳅，泥鳅池可分为苗种池和成鱼池两种。苗种池面积 $50\sim80$ 米^2，水深 $20\sim45$ 厘米，小池的人工可控性强，主要用来培育寸片苗种或大规格苗种；成鱼池的面积则可大一些，一般为 $200\sim300$ 米^2，大的可达 $700\sim900$ 米^2，水深 $35\sim50$ 厘米，主要用于饲养商品鳅或供繁殖用的种鳅。

13. 选择建池的地点有什么讲究？

选择适宜的地点建池，是饲养泥鳅的首要问题。池塘以泥底为好，如果是水泥池，池底则应铺 $25\sim30$ 厘米厚的泥土，或增添些泥浆，以供泥鳅避暑、御寒、逃藏及栖息之用。成鳅养殖的池塘应建在房前屋后、避风向阳、阳光充足、温暖通风、空气清新、引水方便、水质清新、弱酸性底质、交通便利、电力有保障的空地，周边无工业或城市污染源，也不受农药或有毒废水的侵害污染，最好能自流自排。

14. 对泥鳅池塘的水源与水质有什么要求？

泥鳅适应性强，无污染的江、河、湖、库、井水及自来水均可用来养泥鳅（井水和自来水需经人工处理后方可用于养殖）。我国绝大部分地区的水域都能饲养泥鳅，只有在冷泉冒出处及旱涝灾害特别严重的地方，不宜养鳅。

根据泥鳅的生态习性，养殖用水溶解氧可在 3.0 毫克/升以上，pH $6.0\sim8.0$，透明度在 15 厘米左右。

15. 对泥鳅池塘的土质有什么要求？

土质对饲养泥鳅的效果影响很大，生产实践中证明，在黏质土中生长的泥鳅，身体黄色，脂肪较多，骨骼软嫩，味道鲜美；在沙质土中生长的泥鳅，身体乌黑，脂肪略少，骨骼较硬，味道也差。因此，养鳅池的土质以黏土质为好，呈中性或弱酸性。如果别无选择，只能在沙质土池塘养殖泥鳅，我们可在放养前大量投放粪肥改善底质，为泥鳅制造一个良好的生长环境。

16. 泥鳅池塘的进、出水口要如何处理？

一般情况下，在池塘上游设进水口、下游开排水口，进、排水口呈对角线设置，进水口最好采用跌水式，四周池壁高出水面20厘米，避免雨水直接流入池塘；出水口与正常水位持平处都要用铁丝网或塑料网、篾闸围住，以防泥鳅逃逸或被洪水冲跑。排水底孔位于池塘池底鱼溜底部，并用PVC（聚氯乙烯）管接上且高出水面30厘米，排水时可调节PVC管高度以调节水位。由于PVC管比较便宜，所以许多养殖场都用PVC管做池塘的进水管道。管道一端出自蓄水池边的提水设备，另一端直接通到池塘。进、出水口都要安装上金属网或尼龙网，以防止污物及野杂鱼随水流注入泥鳅池或泥鳅的外逃。

17. 池塘处理要做好哪些工作？

泥鳅个体小，又有钻泥的本能，逃跑能力强，只要有小小的缝隙，它便能钻出去。如果池塘有漏洞，泥鳅甚至能在一天之内就逃得干干净净。所以，在建造成鳅池时，要考虑到泥鳅特有的潜泥性和逃跑能力，重点做好防逃措施。

一是池的四壁在修整后须夯实，杜绝渗漏，可以水泥筑墙、薄膜贴埂、铲光土壁等措施来达到防逃的目的。

二是要防止因暴雨等原因导致池水过满而引起漫池逃鱼，须在排水沟一侧设一深5~10厘米、宽15~20厘米的溢水口，并用网罩住。平时应及时清除网上的污物，以防堵塞。

在生产实践中，许多养殖户还采用处理池塘边缘的方法来达到防逃的目的，即沿着池塘的周边挖出近1米深的沟，然后用厚实的塑料布从沟底一直铺到地面，塑料布的接口要连接紧密。将塑料布沿着池子的边缘铺满，用挖出的土将塑料布压实。塑料布的上端，每隔1米左右用木桩固定，保证塑料布不被大风吹开，可有效防止泥鳅逃跑。也可用水泥板、砖块、硬塑料板，或用三合土压实筑成。

上述防逃措施做好后还可以防止蛇、鼠及其他敌害生物和野杂鱼等进入养殖区。

18. 如何处理集鱼坑？

在池塘处理时还要开挖好集鱼坑。集鱼坑也叫鱼溜，主要是为了方便捕捞以及为泥鳅在高温季节时躲避隐藏而开挖的。集鱼坑与排水底口相连，其面积约为池底的 5%，且比池底深 30～35 厘米。鱼溜四周用木板围住或用水泥、砖石砌成。

19. 为什么养鳅池要清除底层淤泥？

对于已经多年养殖泥鳅的池塘，在鳅苗入池之前，必须清除底层的淤泥。因为池塘底层的淤泥淤积很多动物粪便和剩余的饲料，是病菌等微生物的栖息地，而泥鳅又有钻泥的习惯，喜欢在池塘的底部活动，不做好清淤工作会影响泥鳅的健康成长。一般情况下，池底部有 20～30 厘米的淤泥就足够了。可用铁锹或挖掘机挖起过多的淤泥，集中在一起，然后运到远离池塘的地方处理。

20. 旧池塘如何改造成养鳅池？

如果鱼池达不到养殖泥鳅的要求，就要加以改造。池塘改造一般有以下措施。

一是改小塘为大塘。把过去不规整的小鱼塘，合并扩大，以提高鱼塘生产力，发挥更大的经济效益。

二是改浅塘为深塘。把原来的浅水塘、淤积塘，清淤、挖深，保证鱼塘的深度和环境卫生。

三是改漏水塘为保水塘。有些鱼塘常年漏水，这主要是土质不良或堤基过于单薄。砂质过重的土壤不宜用来砌鱼塘堤基。如建塘后发现有轻度漏水现象，应采取塘底改土和加宽加固堤基等措施，在条件许可的情况下，最好在塘周砌砖石或水泥护堤。

四是改死水塘为活水塘。鱼塘水流不通，容易引起鱼类的严重浮头、浮塘和发病，因此对这样的鱼塘，必须尽一切可能改善其排灌条件，如开挖水渠、铺设水管等，要做到能排能灌，才能获得高产。

五是改瘦塘为肥塘。鱼塘进行了上述改造后，就有了相当大的水体，又能排灌自如，使水体充分交换，但如果塘水不能保持适当的肥度，同样不能收到应有的经济效果。因此，我们应通过多种途径，提供足够的饲料、肥料，逐渐使塘水转肥。

21. 苗种池和成鱼池如何连建?

由于池塘较少或者是为了暂养的方便,有的养殖户或养殖单位会将苗种池和成鱼池连建在一起,两个池塘之间用闸门隔开,平时各自管理,互不干涉。当苗种长大了,需要分池进行成鱼养殖时,开通闸门直接把苗种转移到成鱼池。这样的目的一是充分利用了养殖水体,二是减少了捕捞环节,三是减少泥鳅苗种生病受伤的机会,提高了苗种成活率。

这种连建池的建设是有一定讲究的,在建设时着重要掌握四点:一是苗种池的面积要小,成鱼池的面积要大,两者比例为 1∶4 比较合适。二是为了方便闸门的安装和开启,池壁用水泥敷制,水泥池的深度约为 1 米,壁厚 10 厘米左右。三是苗种池底最好比成鱼池底高 20 厘米左右,这样形成落差的好处就是将苗种转移到成鱼池时,只要降低成鱼池的水位,放干苗种池里的水就可以了,不需要人工捕捉。四是为了方便操作,苗种池用水泥敷底,抹平,而成鱼池可用土质底,以减少投入。

22. 为什么要进行清塘消毒?

清塘消毒至关重要。泥鳅池是泥鳅生活栖息的场所,也是泥鳅病原体的藏身之处。泥鳅池清洁与否,直接影响泥鳅的健康,所以一定要重视泥鳅池的清塘消毒工作,清塘的目的是消除养殖隐患,是健康养殖的基础工作,对种苗的成活率和生长健康起着关键性的作用,它是预防鳅病和提高泥鳅产量的重要环节和不可缺少的措施之一。

在泥鳅养殖前 20 天左右,采用各种有效方法对池塘进行消毒处理,如用药物对池塘进行消毒,既可以有效地预防泥鳅疾病,又能消灭水蜈蚣、水蛭、淡水小龙虾、野生小杂鱼等敌害。

23. 生石灰可以用来清塘消毒吗?

生石灰的来源非常广泛,而且价格低廉,是目前国内外公认的最好"消毒剂"。生石灰既能杀菌消毒,又有改良水质作用。它的缺点是用量较大,使用时占用的劳动力较多,而且生石灰有严重的腐蚀性,操作不慎,会对人的皮肤等造成一定伤害,因此使用时要小心操作。

生石灰消毒可分干法消毒和带水消毒两种方法。根据经验,通常都是使用干法消毒,只有在水源不方便或无法排干水的稻田才用带水消毒法。无论是干法清塘还是湿法清塘,都有清除病原菌、杀灭有害生物、减少疾病、增加钙肥的作用,同时还有澄清池水,增加池底通气条件,稳定水中酸碱度和改良土壤的作用。在使用生石灰时，要注意两点，一是生石灰现购现用，不宜久存；二是用量要准确。

24. 生石灰干法清塘消毒如何操作？

在泥鳅苗种放养前 20～30 天，排出环沟里的水，保留水深 5 厘米左右。在环沟底中间选好点，一般每隔 15 米选一个点，挖成一个个小坑，小坑的面积约 1 米² 即可，将生石灰倒入小坑内，用量为每亩环沟用生石灰 40 千克左右。加水后生石灰会立即化成石灰浆，同时放出大量的蒸汽并发出"咕嘟咕嘟"的声音，这时要趁热将石灰浆水向四周均匀泼洒，边缘和环沟中心以及洞穴都要洒到。为了提高消毒效果，最好在池塘的中间也用石灰水泼洒一下，经 3～5 天暴晒后，灌入新水，经试水确认无毒后，就可以投放鳅种了。

25. 生石灰带水清塘消毒如何操作？

对于那些排水不方便或者为了抢农时，可采用带水消毒的方法。带水消毒速度快，效果也好，缺点是石灰用量较多。

泥鳅苗种投放前 15 天，每亩水面（水深 1 米）用生石灰 150 千克在大木盆、小木船、塑料桶等容器中加水将其化开成石灰浆，操作人员穿防水裤下水，将石灰浆均匀泼洒塘中及塘边（包括田埂）。用带水法消毒虽然工作量大一点，但效果很好，可以把石灰水直接灌进池塘边的鼠洞、蛇洞和鳝洞里，能彻底地杀灭天敌病害。

26. 撒生石灰后，如何测试水体是否还有余毒？

测试方法是在消毒后的水体中放一只小网箱，往小网箱中放入 40 条泥鳅，如果在一天中小网箱里的泥鳅既没有死亡也没有任何其他的不适反应，那就说明生石灰的毒性已经全部消失，这时可以大量放养泥鳅了。如果有泥鳅死亡，说明毒性还没有完全消失，这时可以换水 1/3～1/2，过 1～2 天再测试，直到完全安全后才能放养泥鳅。这种测试方法在水产养殖中经常会用到。

27. 漂白粉能用于清塘消毒吗？

稻田养殖泥鳅时，常用漂白粉进行清塘消毒，这是因为漂白粉有杀灭杂鱼和致病菌以及其他有害生物的作用。漂白粉消毒也有干法消毒和带水消毒两种方式。要根据稻田或环沟内的水量来决定漂白粉的使用量，要防止用量过大把稻田里的螺蛳杀死。漂白粉的毒性在 5～7 天消失。平时应将漂白粉密封保存，防止受潮变质。

28. 漂白粉带水清塘消毒如何操作？

在用漂白粉带水清塘消毒时，要求水深 0.5～1 米，漂白粉的用量为每亩池塘用 10～15 千克，先在木桶或瓷盆内加水将漂白粉完全溶化，然后顺风全池塘均匀泼洒，也可将漂白粉顺风撒入水中，然后划动池塘里的水，使药物分布均匀，一般漂白粉清塘消毒后 3～5 天即可注入新水和施肥，再过两三天后，就可投放泥鳅。

29. 漂白粉干法清塘消毒如何操作？

在用漂白粉干法清塘消毒时，保持水深 30 厘米，用量为每亩池塘用 5～10 千克，使用时先在木桶中加水将漂白粉完全溶化，然后全池塘均匀泼洒。

30. 如何使用生石灰、漂白粉交替消毒？

有时为了提高消毒效果、降低成本，就采用生石灰、漂白粉交替消毒的方法，其效果比单独使用漂白粉或生石灰消毒要好，交替消毒方法也分为带水消毒和干法消毒两种。

带水消毒，池塘的水深 1 米，每亩用生石灰 60～75 千克、漂白粉 5～7 千克。

干法消毒，水深 10 厘米左右，每亩用生石灰 30～35 千克，化水后趁热全池塘泼洒。等 3 天后再施用漂白粉 2～3 千克/亩，将漂白粉放入木桶或瓷盆内加水溶解，均匀泼洒全池 7～10 天药性消失。等药性完全消失后方可放泥鳅苗种。

31. 如何用漂白精来清塘消毒？

干法消毒时，可排干池塘的水，每亩用有效氯占 60%～70% 的漂白精 2～2.5 千克。

带水消毒时，每亩每米水深用有效氯占 60%～70% 的漂白精 6～7 千克，使用时，先将漂白精放入木盆或搪瓷盆内，加水稀释后进行全池塘均匀泼洒。

32. 怎样用茶饼来清塘？

水深 1 米，每亩用量为 40～50 千克。先将茶饼捣碎，放入容器中加热水浸泡 1 天，选择晴天加水将茶粕稀释后带渣全池泼洒。茶粕能杀杂鱼等并能肥水，但不能杀死病菌。10 天后药性基本上消失，可以投放泥鳅苗种进行养殖。

注意事项：一是茶粕必须全部泡开，避免小块茶粕沉入池底，日后伤害泥鳅；二是不使用变质茶粕。

33. 怎样用生石灰混合茶饼来清塘？

水深 0.66 米，每亩塘面用生石灰 50 千克和茶饼 30 千克。先将茶饼捣碎浸泡好，然后混入生石灰中，生石灰吸水化开后，再全池泼洒。可杀杂鱼、病菌等有害生物，还能增加钙肥。10 天后药性消失。

注意事项：一是茶粕必须全部泡开，避免小块茶粕沉入池底，日后伤害泥鳅；二是不使用变质茶粕；三是生石灰现购现用。

34. 怎样用鱼藤精来清塘？

使用含量为 7.5% 的鱼藤酮原液，水深 1 米时，每亩使用 700 毫升，加水稀释后装入喷雾器中全池喷洒。能杀灭几乎所有的敌害鱼类和部分水生昆虫，而对浮游生物、致病细菌和寄生虫几乎没有作用。其效果比前几种药物差一些，毒性 7 天左右消失，7 天后就可以投放泥鳅幼苗了。

注意事项：鱼藤精对人畜有害，使用时要注意安全。

35. 如何用巴豆来清塘？

水深 30 厘米时，每亩用巴豆 1.5～2.5 千克。把巴豆磨粉，装入罐中，也可以将巴豆浸水磨成糊状装进坛中，加烧酒 100 克或用 3% 的盐水浸泡 2～3 天，再用水稀释后连渣全池泼洒。巴豆能杀杂鱼等并能肥水，但不能杀死病菌。10～15 天后，再注水 1 米深，待药性彻底消失后放养泥鳅幼苗。

36. 如何用碳酸钠（碱粉）来清塘？

碳酸钠通常是在干池清塘时使用，每立方米用量 7.5 克。将碱粉化水，加水稀释后泼洒，使池水呈微碱性，可杀灭杂鱼和杂藻，同时有防止泥鳅出血病的作用。

注意事项：不能和酸性药物同时使用。

37. 怎样用氨水来清塘？

通常是在干池时用氨水清塘。保持水深 10 厘米，用量是每亩 60 千克，氨水含氮 12.5%～20%。使用时将氨水加水稀释后加 3 倍左右的沟泥，搅拌均匀，全池泼洒，使池水呈微碱性。加沟泥的目的是减少氨水的挥发，防止药性消失过快。氨水有杀菌、杀虫及其他有害生物的作用，但不会杀死螺蛳。一般是在一周后药性基本消失时放养泥鳅幼苗。

注意事项：氨水宜现配现用，不可久放，时间一久容易挥发造成效果降低。

清整好的池塘，注入新水时应采用密网过滤，防止野杂鱼进入池内。

38. 如何用二氧化氯来清塘？

用二氧化氯清塘是近年来才渐渐被养殖户接受的一种消毒方式，其方法是先引入水，然后再用二氧化氯消毒，用量为1米水深的鱼塘每亩10～20千克，清塘7～10天后放苗。该方法能有效杀死浮游生物、野杂鱼虾等，防止蓝绿藻滋生。放苗前一定要试水，确定安全后才可放苗。必须注意的是，由于二氧化氯具有较强的氧化性，加上它易爆炸，容易引发危险事故，因此在贮存和消毒时一定要做好安全防范工作。

39. 清塘后为什么还要对水体解毒？

在使用各种药物对水体进行消毒，杀死病原菌，除去杂鱼、杂虾、杂蟹等后，池塘里会有各种毒性物质存在，这就要对水体进行解毒。解毒的目的是降解消毒药品的残毒以及重金属、亚硝酸盐、硫化氢、氨氮、甲烷和其他有害物质的毒性，可在消毒除杂的5天后泼洒"卓越净水王"或"解毒超爽"，也可以用其他有效的解毒药剂。

40. 泥鳅养殖要讲究"八字精养法"吗？

泥鳅养殖也和其他鱼类养殖一样，要求养殖周期短、产量高、质量好，只有这样才能取得好的经济效益。为了达到高产高效的目的，我国池塘养鱼工作者对复杂的养鱼生态系统进行简化和提炼，形成"水、种、饵、密、混、轮、防、管"八个要素的综合技术措施，简称"八字精养法"。"八字精养法"是在全面总结我国池塘高产养殖经验的基础上，对成鱼饲养综合技术的高度概括。泥鳅在养殖过程中也要讲究"八字精养法"。

41. "八字精养法"的八个字有什么关系？

"水（水体）、种（鳅种）、饵（饵料）"是泥鳅高产养殖必备的基本条件，是稳产高产的基础，一切养鱼技术措施都是根据"水、种、饵"这三大要素确定的。"密（合理密养）、混（多品种混养）、轮（轮捕轮放）"反映的是鳅种的放养方式，是养殖泥鳅获得高产稳产的技术措施。"防"（防治鳅病）和"管"（精心管理）则是泥鳅稳产高产的根本保证，通过防、管综合运用这些物质基础和技术措施，才能达到高产稳产的目的。这八个方面是一个互相联系、互相依存、互相制约、互相促进的有机整体。每一个字都有其重要作用和特殊意义，生产中必须按照"八字精养法"的要求去做，字字做实，才能实现高产稳产。

42. 池塘养殖泥鳅对水质有什么要求？

根据看水养鱼总结出的宝贵经验，认为适合泥鳅养殖的优良水质应是"肥、活、嫩、爽"。这种"肥、活、嫩、爽"的生物指标应是：浮游植物量为20～100毫克/升；隐藻等鞭毛藻类较多，蓝藻较少；藻类种群处于增长期，细胞未老化；浮游生物以外的其他悬浮物不多。

43. 肥水有什么标准？

"肥"就是鱼类易消化的浮游生物种类和数量多，常以水的透明度来衡量水的肥度，以人站在上风头的池塘埂上能看到浅滩13～15厘米水底的贝壳等物，或以手臂伸入水中16～20厘米处弯曲五指若隐若现作为肥度适当的指示，这样的透明度相当于25～35厘米的透明度或20～50毫克/升的浮游植物量。

44. 活水有什么标准？

"活"就是水色和透明度常有变化，不死滞。水色随光照和时间的不同而变化，这是浮游植物处于繁殖旺盛期的表现，渔农所谓的"早青晚绿"或"早红晚绿"，以及"半塘红半塘绿"等都是这个意思。观测表明，典型的活水是膝口藻水华。这种鞭毛藻类生物游动较快，有明显的趋光性，白天随光照强度的变化而产生垂直或水平游动，清晨上下水层分布均匀，日出后逐渐向表层集中，到中午前后大部分都集中表层，以后又逐渐下沉分散。当这种藻类群聚于鱼池的某一边时，就出现所谓"半塘红半塘绿"的情况。对于水色，不仅要有上述一日之中的变化，还要求其每十天、半个月有周期性变化。因此"活"意味着藻类种群处在不断地被利用和不断地增长，也就是说池塘中物质循环处于良好状态。

45. 嫩水有什么标准？

"嫩"是水色鲜嫩不老，也就是鱼类易消化的浮游植物较多，而且其细胞未衰老，所以水色显得鲜嫩，很清透，肉眼看起来很舒服。

46. 爽水有什么标准？

"爽"就是水质清爽，混浊度较小，水面上无油膜、水体中没有污物，水中含氧量高，透明度不低于 25 厘米。渔农所谓的 "爽" 的肥水，浮游植物量一般在 100 毫克/升以内。

47. 如何通过看水色来判断水质？

在池塘养殖生产中最希望出现的水色有两大类，一类是以黄褐色的水为主（包括姜黄、茶褐、红褐、褐中带绿等）；另一类是以绿色水为主（包括黄绿、油绿、蓝绿、墨绿、绿中带褐等）。这两类水色均是典型的肥水型水质，它含有大量的鱼类易消化的浮游植物或浮游动物。相比之下，黄褐色的水优于绿色水。其水中所含滤食性鱼类易消化的藻类相对比绿色水多。黄褐色水的指标生物是隐藻类，在水生生物生态上又称鞭毛藻型塘。这是由于大量投饵和施放有机肥料后，水中丰富的溶解氧和悬浮的有机物使兼性营养的鞭毛藻类在种间竞争中处于优势，加之经常加注新水，控制水质，使鞭毛藻类占绝对优势。这些藻类都容易被滤食性鱼类所消化。而绿色水中不易被滤食性鱼类消化的藻类占优势，其指标生物为绿藻门的小型藻体，这种水体的生物组成使滤食性鱼类容易消化的藻类不易生长。

当然，在水体中投喂不同饲料和施入不同的肥料后，由于它们所含养分有异，培育出的浮游生物种群和数量有差别，水体也会呈现不同的水色。例如：如果向池中施加适量的牛粪、马粪，池水则呈现淡红褐色；施入人粪尿，池水则呈深绿色；施加猪粪，池水呈酱红色；施加鸡粪，池水呈黄绿色；螺蛳投得多的池，水色呈油绿色；水草、陆草投得多的池，水色往往呈红褐色。因此可以通过肥料（特别是有机肥料）的施加来达到改变水色、提高水质的目的，这也是池塘施肥养鱼的重要措施。

48. 如何通过看水色的变化来判断水质？

池水中鱼类容易消化的浮游植物具有明显的趋光性，形成水色的日变化。白天随着光照增强，藻类由于光合作用的影响而逐渐趋向上层，在下午 2 时左右浮游植物的垂直分布十分明显，而夜间由于光照的减弱，使池中的浮游植物分布比较均匀，从而形成了水体上午透明度大、水色清淡和下午透明度小、水色浓厚的特点。而鱼类不易消化的藻类趋光性不明显，其日变化态势不显著。另外，十天半个月池水水色的浓淡也会交替出现。这是由于一种藻类的优势种群消失后，另一种优势种群接着出现，不断更新鱼类易消化浮游植物的种类，池塘物质循环快，这种水称为 "活水"。另一方面，由于受浮游植物的影响，以浮游植物为食的浮游动物也随之出现明显的日变化和月变化的周期性变化。这种 "活水" 是一种优良水质，它的形成是高产稳产的前提。

49. 如何通过看下风油膜来判断水质？

有些藻类不易形成水华，或因天气、风力影响不易观察，此时可根据池塘下风处（特别是下风口的塘角落）油膜的颜色、面积、厚薄来衡量水质好坏。通常肥水下风油膜多、较厚、性黏、发泡并伴有明显的日变化，即上午比下午多，上午呈褐色或烟灰色，下午往往呈现绿色，俗称"早红夜绿"。油膜中除了有机碎屑外，还含有大量藻类。如果下风油膜面积过大、厚度过厚且伴着阵阵恶心味，甚至发黑变臭，这种水体是坏水，应立即采取应急措施进行换冲水，同时根据天气情况，严格控制施肥量或停止投饵与施肥。

50. 如何通过看"水华"来判断水质？

在肥水的基础上，浮游生物大量繁殖，形成带状或云块状水华。水华是水域物理、化学和生物特性的综合反应所形成的。其实水华水是一种超肥状态的水质，一种浮游植物大量繁殖形成水华，就反映了该种浮游植物所适应的生态类型及其对鱼类的影响，若让其继续发展，则对养鱼有明显的危害。因而水华水在水产养殖中应加以控制，人们总是力求将水质控制在肥水但尚未达到水华状态的标准上。另一方面水华却能比较直观地反映了浮游生物所适宜的水的理化性质、生物特点以及它对鱼类生长、生存的影响与危害。加上水华看得清、捞得到、易鉴别，因而可把它作为判断池塘水质的一个理想指标。池塘常见指标生物和水华种类与水质的关系如表1所述。

51. 养殖泥鳅需要施肥吗？

池塘养殖泥鳅的水体有肥水和瘦水之分，肥水中含有大量泥鳅易消化的浮游生物，因此泥鳅在这种水体中能快速生长发育；而瘦水不具备这种优势。所以在养殖泥鳅时，必须尽可能将瘦水转变成肥水。

在泥鳅养殖池中施肥的作用主要体现在三个方面。首先是使浮游植物能得到必要的养分而大量繁殖；其次是促进以浮游植物为饵料的浮游动物和其他水生动物的增殖，这样便为泥鳅提供了各种适口饵料；最后是施到鱼塘里的粪肥等有机肥料中，含有一部分有机碎屑，这些有机碎屑可以直接被泥鳅所吞食利用，从而提高泥鳅的产量。总之，肥料进入水体后，参与水体生态系统的能量流动和物质循环，可以提高水体肥度，增加泥鳅的产量。

表 1　池塘常见指标生物和水华种类与水质的关系

水色	日变化	水华的颜色和形状	优势种群	主要出现季节	水质优劣与评判	备注
红褐色	显著	蓝绿色云块状	蓝绿裸甲藻	5～11月	高产池，典型优良水质	积极培育并保持这种优良水质，以获取高产，一旦水质有恶化趋势立即处理
	显著	棕黄色云块状	光甲藻	5～11月		
	显著	草绿色云块状，浓时呈黑色	膝口藻	5～11月		
	显著	酱红色云块状	隐藻	4～11月		
红褐色	有	翠绿色云块状	实球藻	春、秋	肥水，一般	
黄褐色	有	姜黄色水华	小环藻	夏、秋	肥水，良好	
黄褐色	不大	红褐色丝状水华	角甲藻	春	较瘦水质	在勤换水的基础上，配合施加无机、有机混合肥，以改良藻类的优势种群
浓绿色	有	表层墨绿色油膜，性黏发泡	衣藻	春	肥水良好	
浓绿色	有	碧绿色水华，下风具墨绿色油膜	眼虫藻	夏	肥水，一般	
油绿色	有	下风表面具红褐色或烟灰色油膜，性黏	壳虫藻	夏	肥水，一般	
油绿色	不大	无水华，无油膜	绿球藻	5～11月	较老水质	
铜绿色	不大	表层铜绿色絮纱状水华，颗粒小、无黏性	微囊藻、颤藻	5～11月	"湖淀水"，差	加大换冲水的力度，勤施追肥，量少状多，以有机肥，无机肥混合施用效果最佳
豆绿色	不大	表层豆绿色絮纱状水华，颗粒大、无黏性	螺旋项圈藻	夏、秋	肥水，良好	
浅绿色	无	表层具铁锈色油膜，黏性	血红眼虫藻	夏、秋	"铁锈水"，瘦水，差	
灰白色	无	无	轮虫	春	"白沙水"，良好，但鱼易浮头	

52. 在鳅池里施有机肥有什么作用?

用于池塘养殖泥鳅的肥料，主要是有机肥，也就是我们通常所说的农家肥。由于农家肥的肥源广、成本低、生产潜力大，所以它是我国渔业生产中的一类不可缺少的传统肥料。长期施用有机肥，不仅可以增加渔业产量，还能培肥水质，培育饵料生物，改善水产品的营养和口感。

有机肥料包括各种作物的秸秆、草木灰、绿肥、人粪尿、牲畜粪尿、家禽粪便、厩肥、堆肥、沼气肥和某些工厂的废水及生活污水等。

在施有机肥的池塘中，由于细菌比浮游植物繁殖快，饵料利用价值高，所以这种池塘对浮游动物的繁殖特别有利，往往能保持较高的生物量，另外，有机肥成分较全面，所含营养元素较集中，不但含有 N、P、K，还含有其他各种营养元素。有机肥分解慢，肥效缓和而持久，从长远效果看，对于浮游生物的增殖比较适宜，使有机肥具有较高的生产效果。

53. 施用有机肥料有什么优点?

第一，营养全面。100 千克的干猪粪，含有氮（N）5.4 千克，磷（P_2O_5）4.0 千克，钾（K_2O）4.4 千克。这些养分相当于硫酸铵 27.0 千克，过磷酸钙 24.0 千克，硫酸钾 8.8 千克。另外还有少量的钙镁硫及各种微量元素。各种秸秆燃烧后的灰分，称为草木灰，含钾（K_2O）特别丰富，高达 8.1%，还有 2.3% 的磷（P_2O_5）和 10.7% 的钙（CaO）。即 100 千克草木灰，相当于硫酸钾 16.3 千克，过磷酸钙 13.8 千克。

第二，提高水体养分的有效性。有机肥以有机质为主，施入水体后，水体中和池塘底质中的有机质必然会增加。因此在池塘这个小生境中，土壤微生物也就变得非常活跃，它们在分解水体中和土壤中的有机质时，一方面释放出生物饵料所需的各种养分，另一方面微生物所分泌的有机酸，又能促进土壤中一些难溶矿物质的溶解，达到提高水体养分有效性的效果。

第三，能改良水体成分。有机肥施入水体后，各种有效的营养成分也就随之被水体所接受，部分有机物质可以络合水体中有毒或难溶解的无机盐而沉积于淤泥中，缓解了水体的毒素影响，改良了水体的营养成分。

第四，促进底质结构的改良。微生物在分解有机质的过程中，一方面提供养分给作物，另一方面又形成一种黏结性物质，把分散的土粒团聚在一起，形成一种疏松的团粒结构。这种结构对提高池塘底质的保水、保肥、保温能力起重要作用。

第五，可以变废为宝，净化环境。制作有机肥的材料来源很广，成本也很低，生产潜力很大，如人粪尿、畜禽粪便、各种作物的秸秆、塘埂地头的杂草、水产品加工后的残渣以及城市垃圾等。这些废、杂物，如果不用来制成有机肥，就会污染人类的生活环境，所以说，施用有机肥实际上是变废为宝，也是对环境的净化。

54. 有机肥有哪些种类？

第一类是绿肥，包括采用各种野生青草、水草、树叶、嫩枝芽或各种人工栽培的植物所制成的肥料；各种油料作物的籽实，经过榨油或提取后所制成的饼肥，如大豆饼、菜籽饼、芝麻饼、花生饼和棉籽饼等；各种作物的秸秆和木柴燃烧后的草木灰。

第二类是粪肥，包括人粪尿、家畜家禽粪尿、混合堆肥、沼气肥等。

在泥鳅的池塘养殖中，最常用的有机肥就是各种粪肥，因为这类肥料来源广，而且大部分不用花钱买，只需付出人力即可获取，因此目前在农村池塘养鳅中多以施用这类粪肥作基肥或追肥。

55. 为什么有机肥需要发酵腐熟？

池塘施用各种粪肥，通常先经过发酵腐熟，避免生鲜粪直接施入池塘，在分解过程中消耗池中大量溶氧，并易受气候的影响，使肥效不稳定。而且生鲜粪含病菌较多，容易导致鱼生病。如池塘施用新鲜牛粪，容易引起草鱼黏细菌烂鳃病。生鲜粪经过发酵腐熟，可以杀死大量病菌，可预防泥鳅的细菌性疾病。施粪肥时可加水稀释或不加水直接撒入池塘。

56. 有机肥做基肥时如何施用？

一般半干半湿的家畜粪肥、厩肥或堆肥等每亩施用量为 400～500 千克，人粪与鸡粪减半。具体用量可视池塘深浅、肥料浓稀及原有的水质肥度而酌情增减。如果是刚进行排水清塘的，可将肥料均匀施布于塘底浅水中，使其在阳光暴晒下，水温升高，较快地分解矿化，3～4 天后加满水，再隔 7～8 天即可放鱼。如果池塘水位较高，可在放鱼前 10～15 天，将肥料堆成小堆，分布于向阳浅水处，使其逐渐分解矿化，扩散到水中。如果当时水温已较高，可在放鱼前 5～7 天将肥料用水搅匀，均匀泼洒于塘面上。

57. 有机肥做追肥时如何施用？

追肥量应视养鱼的方式、池塘条件、肥料质量（即稀粪与稠粪的差别以及腐熟程度）和水温的高低而不同。根据我国大部分地区养鱼的实践经验，追肥量一般为：4～6月份，每月每亩水面施加300～400千克；7～9月份，由于投饵量大，水质已很肥，一般不再追施粪肥；9月中旬以后，天气转凉，水色变淡，可酌情施肥，一般每月每亩用量为200～250千克。投饵不充分的池塘，施肥的用量可参照上述标准酌情增加，而且在7～9月份也不能停止施肥，一般每月每亩用量200千克左右。不投饵的池塘，如果水源可靠，更应加大追肥量，以争取高产，用量大体上可定为每月每亩500～1000千克，深水塘、低肥效的或生长旺季时从高，反之从低。

58. 无机肥有哪些特点？

无机肥料又称化学肥料，简称化肥，是用化学方法制成的肥料，又称速效肥料。无机肥料可分为氮肥、磷肥、钾肥和钙肥等，其中氮肥和磷肥相当重要。

无机肥料的有效养分含量高，例如氮肥中的硫酸铵含氮为20%，尿素含氮为48%。1千克硫酸铵所含的氮素相当于人粪尿25～40千克，1千克过磷酸钙（含$P_2O_5$18%～20%）相当于猪圈肥80～100千克，1千克硫酸钾（含K_2O50%）相当于草木灰6～8千克。

无机肥肥效快，施入水体后很快被溶解，并被浮游植物利用。可以通过池塘水色的变化来判断施肥的效果，一般3～5天即可看到水色有明显的变化。

无机肥料养分单一，除复合肥料外，一种肥料仅含一种肥分，用作追肥时，可根据池塘的水色和养殖鱼类的品种、不同的生长发育阶段，缺什么补什么，既经济，见效又快。

无机肥料在安全用肥的范围内，对池塘的污染较轻，而且池塘的自净作用能力强，很快能自我调节。

无机肥料还具有施用量较小、操作方便等优点。

59. 无机肥有哪些种类？

一是氮肥，包括硫酸铵、氯化铵、碳酸氢铵、氨水、硝酸铵、硝酸铵钙、尿素等。二是磷肥，包括过磷酸钙、重过磷酸钙、汤马斯肥、磷灰土、钙镁磷肥、脱氟磷肥、磷矿粉等。三是钾肥，包括氯化钾、硫酸钾、窑灰钾肥等。四是钙肥，包括生石灰、消石灰和石灰石等。五是复合化肥，包括硝酸磷肥、磷酸铵、氮磷钾三元复合肥等。

60. 无机肥的施用量有什么讲究？

池塘施用各种无机肥的数量，因土壤的特点、池塘的条件、水质的肥瘦、池水的深浅、养鱼方式及水平的不同而有所差异。氮肥的用量以所含的氮计，基肥大致为每亩 2～2.5 千克。铵态氮肥可施少一些，硝态氮肥应多施一些。以后每次追肥的用量大致为基肥的 1/4～1/3。各种氮肥的实际用量可根据其含氮量进行换算。例如硫酸铵含氮量约为 20%，那么每亩施基肥量按需氮 2 千克计算，则需施硫酸铵 $2 \times 100/20 = 10$ 千克；追肥量每次 2.5～3.5 千克，全年需硫酸铵 40～60 千克。

磷肥的施用量以 P_2O_5 计算，根据各地土壤中含磷量的不同，基肥施用量每亩 1～2 千克，追肥为基肥的 1/4～1/3，全年施用量 7～15 千克。

钾肥施用量以 K_2O 计算，基肥施用量每亩 0.5 千克，追肥为基肥的 1/4～1/3，全年施用量 1.5～2.5 千克。

钙肥的用量要根据池塘的底质、腐殖质多少、pH 值的高低、是否大量施用过有机肥料以及水源、水质的硬度等条件加以综合考虑。结合清塘施用生石灰时，根据池底腐殖质的多少，每亩用量一般为 50～100 千克（常用量为每亩 75 千克），使用生石灰作追肥时，每亩每次 4～5 千克。

61. 无机肥的施用时间和次数有什么讲究?

在水体投施化肥是一项技术性很强的工作，总的原则是少量多次、少施勤施，充分发挥化肥的作用，避免浪费。施肥的时间与水温有密切的关系：一般情况下，当水温上升到 15℃时，就应先施基肥，要求一次性施足，以后所施化肥作为追肥，必要时辅以厩肥。当水温上升到 20～30℃时，在适宜的光照、温度条件下，浮游植物开始繁殖，需要大量的能量供应，此时也正是泥鳅快速生长的旺季，施肥的次数要多，施用化肥的总量要多。通常选择在晴天中午施肥。

无机肥用作追肥效果较好，施用时掌握好少量多次的原则。在泥鳅快速生长期间，最好每 3～4 天施用一次，至少每周要施一次，以确保池水肥度适宜且稳定。

62. 施用无机肥时要注意什么?

无机肥的施用比较简单：施用生石灰应结合清池或消毒施于塘底或单独泼洒。施用其他无机肥时，先将化肥放于桶内或其他较大的容器内，然后用水溶化并稀释，均匀泼洒于塘面上，施肥原则是少量多次、少施勤施，通常选择在晴天中午光照强度大的时候进行，雨天尽量不施，在天气闷热情况下宜少施或不施。但如果连续阴雨，且水质较瘦时，也得及时施用化肥。

特别要注意的是：磷肥、氮肥都要施用时，必须先施磷肥，后施氮肥，次序不能颠倒，也不可同时进行。如果氮肥、磷肥同时施，就会产生有毒的、无肥效的偏磷酸，这将大大降低施肥的效果。

氨水碱性较强，不宜与过磷酸钙混合施用，它具有较强的挥发性，使用时应避免有效成分的挥发损失。根据经验，可将整坛氨水斜放入池塘中，入水后再把坛盖打开，让氨水慢慢冒出，这样可避免在岸边倾倒时，氨挥发损失，并熏死塘埂上种植的鱼草或农作物。

63. 为什么有机肥和无机肥要混合施用？

池塘中食物链的第一个环节主要是浮游植物，而浮游植物作为浮游动物的饵料，营养价值不如细菌，所以施用化肥的池塘中浮游动物的数量远不及施有机肥的池塘。另外，在浮游植物中，施化肥的池塘主要以绿藻类为主，而绿藻类的饵料价值要比施有机肥时池塘中的优势种群——金藻类、硅藻类、隐藻类差一些，而且化肥的肥效不持久，水质较难掌握。如果混合施用有机肥、无机肥，各种成分适当搭配，取长补短，就能发挥最大的经济效益。

64. 什么是生物鱼肥？生物鱼肥有哪些优缺点？

生物鱼肥是一种新型高效复合肥料，它是应用先进的理论和技术，针对水产养殖水体的理化要求和水产养殖的营养需求特点，精心研发的含氮、磷、钙的复合肥料。根据水体施肥"以磷促氮、以微促长"的理论，合理配比各营养要素，充分发挥有机肥、无机肥、微量元素及微生物的不同特点，能在较短的时间内迅速培肥水质，促进优良藻类的大量繁殖、生长，增强浮游植物酶的活性、提高光合作用效率、增加水中溶氧，将老化水质转为"肥、活、嫩、爽"的水质，保持养殖水环境的生态平衡，降低养殖对象的发病率。

生物鱼肥是替代传统无机肥和有机肥的新一代高效复合水产专用肥，具有使用方便、使用量少等优势。其缺点就是价格太高，应用成本较大，对于泥鳅养殖户来说，要想全面应用还有一定难度。另外，由于这种肥料是刚刚研制出来的新型肥料，目前只是广谱性的，还没有专门针对某一种鱼类的，如目前还没有根据泥鳅的养殖特点和摄食习性来开发出专用泥鳅生物肥。

65. 与传统肥料相比，生物鱼肥有什么特点和优势？

与传统无机肥相比，生物鱼肥具有以下特点。

一是生物鱼肥的氮、磷含量高，水溶性好，添加了水生生物必需的铁、锌、镁、铜、钴、钼、硒等系列微量元素，从而提高肥效并能激活有益藻、益生菌的生物酶活性，加强其同化作用，加快其繁殖和生长速度，保证水产动物有丰富的天然饵料。

二是生物鱼肥富含生物有机酸如腐殖酸、胡敏酸、乌敏酸等，既具有传统有机肥肥效持久的优点，又能提高水生植物的生理活性，而且不产生有机渣质，对水体和底质没有污染，因此投入泥鳅池塘后就显得非常干净卫生。

三是生物鱼肥里添加的生物活性物质，能促进泥鳅消化藻类，抑制有害藻、有害菌的繁殖和生长，同时具有增加溶解氧的作用，还能降低氨氮、亚硝酸盐、硫化氢等有害物质的含量，对于净化水质、改善底质、保持水环境的生态平衡具有重要作用。另外这种生物活性物质还能有效地预防鳅池发生浮头泛池的现象，可以提高泥鳅的活力。

四是用量少而准确、见效快而持久、肥效比高。既能促进泥鳅的生长、发育，又减少病害，有效提高施肥的直接效益和综合效益。

为了方便说明，这里列简表对生物鱼肥与各类肥料进行比较（表2），这种比较只是一种参考，养殖户在具体的养殖过程中还是要根据当地的肥料来源、使用习惯、养殖成本等综合考虑。

66. 如何施用生物鱼肥？

一是在鳅种放养前一周，用生物鱼肥施足基肥来培肥水质，施用量新池、老池有差别，新池的施用量为水深1米，每亩施6千克，老池的施用量为水深1米，每亩施4千克。

二是在养殖过程中要根据水质肥度适时施加追肥，追肥量为水深1米，每亩每次4～5千克。

三是施肥宜在晴天上午进行，阴雨天不要施肥，以免影响效果。

四是施肥时先将本品充分溶于适量水中，30～60分钟后均匀泼洒。

五是无论施基肥还是施追肥，在施肥后的3天内，最好不换水或注水。

六是生物鱼肥不宜与碱性物质一起存放或施用。施生石灰前后一周内不宜施用生物鱼肥。

67. 如何掌握生物鱼肥的施肥量？

首先是根据池塘情况调整施肥量：淤泥过厚，应减少施肥量并配合使用底质改良剂。保水、保肥性能差的池塘，可适当增加施肥量。新池可适当增加施基肥和追肥的数量。

其次是根据季节和天气调整施肥量：3～5月，水温较低，泥鳅吃食量较少，投饵量小，水中营养物质易缺乏，可适当增加施肥量；6～9月，混养池的投饵量大，水质已较肥，可不施追肥或少施追肥；9月后，天气转凉，水质变淡，可酌情增加施肥量。

表 2　生物鱼肥与各类肥料的比较

肥料类型	营养物	对水质影响	污染状况	病害传染	成本	方便程度	操作强度	肥效
绿肥或粪肥	不稳定	大量耗氧	有机污染	易传病	低	简便	大	慢而持久
混合堆肥	不稳定		易污染	未发现		较复杂		较快
无机混合肥	较差	改变 pH	污染较轻	不传病	较低	较简便	较大	快而不久
有机＋无机肥	较全面			未发现		简便		较好
生活污水	不稳定	不可预测	污染较重	未发现	最低	简便	小	较好
生物鱼肥	全面	改善水质	无污染	不传病	较高	简便	较小	较好

肥料功效比较指标

68. 如何培植鳅池里的有益微生物种群？

培植有益微生物种群，不仅能抑制病原微生物的生长繁殖，还可将塘底有机物和生物尸体通过生物降解转化成藻类、水草所需的营养盐类，为肥水培藻奠定良好的基础。在解毒3～5小时后，就可以将有益微生物制剂如水底双改、底改灵、底改王等按使用说明全池泼洒，目的是快速培植有益微生物种群，分解消毒杀死的各种生物尸体，避免二次污染，消除病原隐患。

如果不用有益微生物对消毒杀死的生物尸体进行彻底的分解，那就说明清塘消毒不彻底。其危害是那些具有抗体的病原微生物待消毒药效过期后就会复活，而且它们复活后会利用残留的生物尸体作培养基大量繁殖。而病原微生物复活的时间恰好是泥鳅活动最频繁的时期，病原微生物极易侵犯泥鳅，引发病害。所以，我们必须在用药后及时解毒和培育有益微生物的种群。

69. 肥水培藻有什么重要性？

肥水培藻就是在放苗前通过施基肥来达到让水肥起来培育有益藻相的目的。水质和藻相的好坏直接关系到泥鳅对生存环境的应激反应。在水质爽活、藻相稳定的水体中，水体里面的溶氧和pH值正常稳定，氨氮、硫化氢、亚硝酸盐、甲烷、重金属等一般不会超标，泥鳅在这种环境里才能健康生长，才能实现养优质泥鳅的目的。如果水体里的水质条件差，藻相不稳定，那么水中有毒有害的物质就会明显增加，同时水体中的溶氧偏低，pH值不稳定，直接导致泥鳅容易应激生病。

70. 良好的藻相有什么作用？

良好的藻相具有三个方面的作用。一是良好的藻相能有效地起到解毒、净水的作用，其主要是有益藻群能吸收水体环境中的有害物质，起到净化水体的效果。二是有益藻群可以通过光合作用，吸收水体内的二氧化碳，同时向水体里释放出大量的溶解氧，据测试，水体中70%左右的氧是有益藻类和水草产生的。三是有益藻类自身和以有益藻类为食的浮游动物，它们都是泥鳅喜食的天然优质饵料。

71. 培育优良的水质和藻相有哪些方法？

培育优良的水质和藻相的关键是施足基肥，如果基肥不施足，肥力不够，营养供不上，藻相活力就弱，新陈代谢的功能低下，水质容易清瘦，不利于鳅苗鳅种的健康生长，当然泥鳅就养不好。

现在市场上用于培育水质的肥料都是用的生物肥或有机肥或专用培藻膏，各个生产厂家的肥料名称各异，培肥的效果也有很大差别，具体的用法和用量请参阅说明书。

勤施追肥保住水色是培育优良水质和藻相的重要技巧，可在投种后一个月的时间里勤施追肥，追肥可使用市售的专用肥水膏和培藻膏。追肥原则是少量多次，具体方法是前 10 天，每 3～5 天追一次肥，后 20 天每 7～10 天追一次肥，这样做既可保证藻相营养的供给，又可避免过量施肥造成浪费，或者导致施肥太猛，水质过浓，不便管理。

72. 池塘浑浊时如何肥水培藻？

这种情况发生的原因很多，各季节、各时间也都会发生，尤其是在大雨后的初夏时节更易发生。主要表现池塘里是白浪滔天，池水严重浑浊，水体中的有益藻类严重缺失，这时施肥几乎没有效果。

采取的对策：第一，解毒，用特定的药品来解毒，用量和用法请参考使用说明。第二，引进新水，解毒 3 小时后，引进 5 厘米的含藻新水。第三，及时施足基肥，解毒的第二天就可以施基肥了，基肥可以用常规的农家肥，也可以用生物肥料，区别在于农家肥需要较长时间才有效果，而生物肥料是一种速效的肥料，培养水体效果较快。第四，勤施追肥，施肥 3 天后施用追肥，由于水温低，肥水难度大，用常规的技术来肥水很难见效。这时要施以专用的生化追肥，具体操作可参考各生产厂家的药品说明书。第五，施肥最好是在晴天的上午 10 时左右。

73. 低温寡照对水体培肥有什么影响？

低温寡照的情况主要发生在早春时节，通常是在泥鳅养殖刚刚进入生产期的时候发生。由于气温低，导致池塘里的水温低，加上早春的自然光照弱，另外在冬闲季节清塘消毒的空塘时间过长，多种因素叠加在一起，导致鳅池里的清塘药残难以消除，水体中有机质缺乏，对肥水培藻产生不利影响。而有些养殖户只看表面现象，并不究其根源，看到池水还是不肥，就一味地盲目施肥，施大肥、施猛肥，甚至直接将大量的鸡粪施在池塘里，当然还是没有很显著的效果。而更严重的是大量的鸡粪施入池塘里，容易导致养殖中后期塘底产生大量的泥皮、青苔、丝状藻，从而引发了池塘水质、底质出问题，最终导致泥鳅病害横行。

池塘水温太低时施肥效果不明显，除了上述的原因外，还有两方面的原因，一是当水温太低时，藻类的活性受到抑制，它们的生长发育也受到抑制，这时候如果施用单一无机肥或有机无机复混肥来肥水培藻，一般来说都不会有太明显的效果。另一方面，在水温太低时，施放进去的肥料养分易受絮凝作用，沉到塘底，由于底泥中刚刚被清淤消毒过，底层中的有机质缺乏，易导致这些刚刚到达底层中的养分渗漏流失，有的养分结晶于底泥中，水表层的藻类很难吸收到养分，所以肥水培藻很困难。

74. 在低温寡照时如何肥水培藻？

①解毒。用市售的净水药剂来解毒，使用量请参照说明书，在早期低温时可适当加大用量10％。

②及时施足基肥。在解毒的第二天就可以施基肥了，所施用的基肥是一种速效的生化肥料。

③勤施追肥。施基肥3天后施用追肥，由于水温低，肥水难度大，用常规的技术来肥水很难见效。这时所施肥是专用的生化追肥，具体操作可参考各生产厂家的说明书。

采用这种技术施肥，虽然成本略高，但肥水和稳定水色的效果明显，有利于早期泥鳅的健康养殖，为将来的养殖生产打下坚实的基础。

75. 用深井水做水源时如何肥水培藻？

这是在泥鳅精养区里经常发生。由于种种原因，水源受到一定程度的污染，许多养殖户就自己打井，用深井水作为养殖水源，深井水虽然避免了养殖区里的相互交叉感染，且富含矿物质，但是这种水源缺少氧气，对肥水培藻也有一定的影响。

采取的对策：在池塘进水后，开启增氧机曝气3天，以增加池塘水体里的溶解氧；用特定的药品来解除重金属，用量和用法请参考使用说明；在解除重金属3小时后，引进5厘米的含藻新水；及时施用基肥和追肥，基肥在解毒后第二天就可以施用，追肥在肥水3天后施用，具体的用量可参照产品说明书。

76. 为什么在雨天和闷热天不能施肥？

雨天不施肥的原因有以下几点：雨天光照减弱，水体中浮游植物光合作用不强，对氮、磷等元素的吸收能力较差；随水流带进的有机质较多，不必急于施肥；雨天鳅池水量较大，施肥的有效浓度较低，肥效也随之降低；溢洪时，肥料流失大。因此，在雨天不宜施肥。

天气闷热时，气压较低，水中溶氧较低，施加肥料后会使水中有机耗氧量增加，极易造成精养鱼池因缺氧而浮头泛池。同时，天气闷热时，可能即将有大雨降临，若在闷热天施肥就犯了下雨天不施肥的大忌。

77. 为什么池水浑浊时不能施肥？

水体过分浑浊，说明水体中黏土矿粒过多，氮肥中的铵离子和磷肥及其他肥料的部分离子易被黏土颗粒吸附固定、沉淀，迟迟不能释放肥效，造成肥效的损失。

78. 为什么不能单施一种化肥？

施肥的主要目的是培育水体中的鱼类易消化的浮游植物与浮游动物。浮游生物吸收营养是有一定比例的，一般要求氮、磷、钾的有效比例为 4∶4∶2，如果单施某种化肥，肥料的营养元素单一，不能满足浮游生物的生长需要。

79. 为什么不能随便混合施肥？

某些酸性肥料与碱性肥料混合施用时，易产生气体挥发或沉淀沉积于淤泥中而损失肥效；某些无机盐类肥料的部分离子与其他肥料的部分离子作用也可丧失肥效。因此，并不是每种肥料都可以混合使用的。比如因防治鱼病，调节水质而施放生石灰，最好等十天半个月后再施过磷酸钙，以免使肥效丧失。

80. 在高温季节为什么不要施肥？

鱼塘施肥的季节宜在每年的 5~10 月，水温在 25~30℃ 的晴天中午进行，但水温超过 30℃ 时应停施或少施肥料。因为在高温季节，水体中许多鱼类喜食的浮游生物种群较少，且有机肥料易引起水体溶氧降低，如果此时仍一味施肥，不仅会败坏水质，引起浮头泛池，还因浪费肥料而提高养殖成本。

81. 为什么固态化肥不要干施？

市售的氮、磷肥呈颗粒状，若干施的话在重力作用下它们在水表层停留时间较短，很快沉入水底，陷入污泥的"陷阱"中，从而影响肥效。正因如此，许多鱼类专家将淤泥比喻成磷肥的"陷阱"。在施用固态氮磷肥时，一般采用将其溶解后兑水全池泼洒。

82. 为什么在泥鳅摄食不旺或生病时不能施肥？

在泥鳅摄食不旺时施肥，培育的大量浮游生物不能及时地被有效利用，易形成水华，败坏水质。而在暴发鱼病时，泥鳅的抵抗力减弱，若铵态氮肥施用较多，则易使泥鳅中毒死亡，同时在暴发鱼病时，泥鳅的摄食能力下降，也不宜施肥。

83. 为什么一次施肥不能过量？

如果过量施用铵态氮肥，会使水体中氨积累过多，易使泥鳅中毒；同时过量施有机肥，水体中有机物耗氧量增大，容易造成鱼池缺氧而泛塘，所以施肥时，千万不能图省事，一次将肥料下足，而应严格遵循"少量多次、少施勤施"的施肥八字方针，3～5 天追肥一次，使池水的总氮有效浓度始终保持在 0.3 毫克/升左右，总磷浓度保持在 0.04～0.05 毫克/升。

84. 为什么施肥后不能放走表层水？

肥料施入水体后，经过一系列的理化反应，3～5 天后浮游生物大量繁衍，7 天左右优势种群的数量达到高峰期。由于浮游生物的种群一般均匀分布在水体表层的 1～2 米处，如果施肥后放走表层水，则培育的浮游生物明显受到损失，造成肥效的下降，如果确因农业用水的需要，此时应从底涵放水。

85. 处理泥鳅养殖用水有几种方式？

在大规模池塘养殖泥鳅时，常常会遇到养殖用水的处理以及循环用水的问题，因此需要对养殖用水进行科学的处理。以目前我国养殖泥鳅的现状来看，通过物理方法对养殖用水进行处理是很有效的。物理方法包括通过栅栏、筛网、沉淀、过滤，以及挖掘移走底泥沉积物、进行水体深层曝气、定时进换水等处理措施。最常用的有以下几种。

一是栅栏的处理，栅栏由竹箔、网片组成。通常是将栅栏设置在泥鳅养殖区域水源进口，目的是防止水中较大个体的鱼、虾类、漂浮物、悬浮物以及敌害生物进入养殖区域水体。

二是筛网的处理，对于幼体孵化用水，筛网一般安置在水源进口的栅栏一侧，以防小型浮游动物进入孵化容器中残害幼体。利用工业废水来养殖泥鳅时，更要经过筛网加以处理，筛网也可用来清除粪便、残饵、悬浮物等有机物。

三是利用沉淀的方法进行处理，在养殖中一般采用沉淀池沉淀，沉淀时间根据用水对象确定，通常需要沉淀 48 小时以上。

四是进行过滤处理，过滤是让水通过具有空隙的粒状滤层，将微量的残留悬浮物截留，从而使水质符合养殖标准。

86. 如何往泥鳅池投放水生植物？

泥鳅养殖池内应种些水生植物，如套种慈姑、浮萍、水浮莲、水花生、水葫芦等，覆盖面积占池塘总面积的 1/4 左右，以便增氧、降温及遮阳，避免高温阳光直射，为泥鳅提供舒适、安静的栖息场所，以利其摄食生长。同时，水生植物的根部还为一些底栖生物的繁殖提供场所，有的水生植物本身还具有经济效益，可以增加收入。池内可放养的藻类、浮萍，既可以改善水质还可以补充泥鳅的植物性饲料。当夏季池中杂草太多时，应予清除。

87. 以哪种模式投放泥鳅为好？

池塘养殖泥鳅时的投放模式有两种，一种是当年放养苗种当年收获成鳅，就是 4 月份前把体长 4～7 厘米的上年苗养殖到 10～12 月份收获，这样既有利于泥鳅生长，提高饲料效率，还能减少由于囤养、运输带来的病害与死亡。这种投放模式的缺点是苗种规格过大易性成熟，成活率低；规格太小到秋天不容易养殖成大规格商品泥鳅。第二种就是隔年下半年收获，也就是 9 月份将体长 3 厘米的鳅种养到第二年的 7～8 月份收获。不同的养殖模式，它们的放养量和管理也有一定差别。

春季养殖的泥鳅小苗一般到年底就可以达到商品规格，当年投资当年就能获利。而秋季养殖的泥鳅小苗，可以在水温降低前育成长 6 厘米左右的大规格冬品鳅苗，到第二年的夏季就可以达到上市规格，若养到冬季出售，其规格更大，所以在每年 4 月以后是开展泥鳅苗养殖的最好时候。另外，每年 4 月份正是野生泥鳅上市的旺季，是收购野生泥鳅暂养的黄金季节。

放养泥鳅的时间、规格、密度等会直接影响到泥鳅养殖的经济效益。由于 4～5 月上旬，正值泥鳅怀卵时期，这时候捕捞、放养较大规格的泥鳅，往往都已达到性成熟，经不住囤养和运输的折腾而受伤，在放苗后的 15 天内形成性成熟的泥鳅会大批量死亡，同时部分性成熟的泥鳅不容易生长。因此，我们建议放养时间最好避开泥鳅繁殖季节，可选在 2～3 月份或 6 月中旬后放苗。

88. 放养泥鳅以哪一个品种为好？

选择泥鳅品种以黄斑鳅为最好，灰鳅次之，尽量减少青鳅苗的投放量。能自己培育苗种，就用自己的苗种，如果是用外面的苗种，则要对苗种进行观察筛选。另外，还要注意供应商泥鳅苗的来源，以人工网具捕捉的为好，杜绝电捕和药捕苗。

89. 为什么野生泥鳅苗种成活率低？

据统计，野生泥鳅苗种的成活率一般在 30％左右，最高不超过 60％，而人工泥鳅苗种的成活率可以达 70％左右，好的可以达到 90％左右，最高的可达 95％以上。人工泥鳅苗种成活率是野生泥鳅苗种所不能比拟的。

为什么在生产实践中野生泥鳅苗种的成活率会如此低呢？根据我们的分析，主要原因有以下几种。

一是捕捞方法不当。由于野生的鳅苗是在外收购由他人捕捞的，捕捞人在捕捞野生苗种时，很难严格按照技术规范操作，所以就很容易造成鳅苗在捕捞过程中受到伤害。

二是中间过程多、暂养时间长。野生泥鳅被捕捞后，一般都会经过较长时间的高密度暂养。另外，捕捞的人为了追求利润最大化，有时会对不同规格的泥鳅进行筛选，甚至多次筛选，这样不但会导致泥鳅体表受伤，体表黏液大量外泄，而且还会产生应激性反应，造成泥鳅的体质十分虚弱。

三是营养不良。捕捞人在暂养及筛选过程中，一般不会给鳅苗喂食，即使喂一点食物，也是营养比较次的东西，这样长时间的停食或缺少必要的营养，造成泥鳅营养不良，体质明显下降。

四是筛选和运输的工具不当。筛选泥鳅所用的筛子，对于个体较小的泥鳅，虽然能顺利通过，但也会对其造成伤害，而对于那些个体较大的泥鳅，通过筛孔的难度更大，因此更容易受伤。另外运输方法和运输工具不科学，也会造成鳅苗受伤。

五是放养时间推迟。野生泥鳅苗种放养一般都比较迟，这是因为每年 3 月份天气转暖后，农民才开始捕捞鳅苗，捕捞并暂养达到一定数量后，再经过筛选出售时，时间已经进入 5 月底或 6 月初了，气温已明显升高，在这个时间段放养大量野生鳅苗是非常不利于养殖生产的。

90. 什么是泥鳅养殖合理的放养密度？

放养密度包括所有鱼种的总放养量和每种鱼的放养量这两层意思。

在能养成商品规格的泥鳅成鱼或能达到预期规格鱼种的前提下，可以达到最高鱼产量的放养密度，即为泥鳅合理的放养密度。在一定的范围内，只要饲料充足、水源水质条件良好、管理得当，放养密度越大产量越高。所以合理的放养密度是池塘养鱼高产的重要措施之一。只有在混养基础上，密养才能充分发挥池塘和饲料的生产潜力。

91. 影响泥鳅放养密度最关键的因素是什么？

合理的放养密度，要根据池塘的条件、饲料和肥料供应情况、鳅苗的规格以及饲养水平等因素来确定。但其最关键的影响因素是饵料，泥鳅密度越大，投喂饲料越多，则产量越高。对于饲料充足的池塘，则多放，密度可以提高，反之则少放。

92. 限制放养密度无限提高的因素是什么？

限制放养密度无限提高的因素是水质。在一定密度范围内，放养量越高，净产量越高。但超出一定范围，尽管饵料供应充足，也难收到增产效果，甚至还会产生不良结果。其主要原因是受水质的限制，包括溶氧是否充足，以及有机物质含量、还原性物质的含量、有毒物质的含量等。因此凡水源充足、水质良好、进排水方便的池塘，放养密度可适当增加，配备有增氧机的池塘可比无增氧机的池塘多放。

93. 影响放养密度的池塘条件是什么？

总的来说，鳅池条件好，包括蓄水能力、排灌水是否方便、池埂是否完好等条件，只要这些条件好，就可以增加放养密度，反之则要降低放养密度。

94. 鳅种的规格与放养密度有什么关系？

放养密度与鳅种的规格有很大关系，简单地说，就是大规格的苗种要少放，小规格的苗种要多放。3厘米左右的鳅种，在水深40厘米的池中每亩放养3万尾左右，水深60厘米左右时可增加到5万尾左右；6厘米左右的鳅种，在水深40厘米的池中每亩放养2万尾左右，水深60厘米左右时可增加到3万尾左右。要注意的是，同一池中放养的鳅种要求规格单一，大小差距不能太大，以免出现大鳅吃小鳅的现象。

95. 饲养管理措施与放养密度有什么关系？

毫无疑问，饲养管理措施与放养密度有着密不可分的关系，管理水平高的池塘，密度可以加大，反之则要降低密度。

96. 鳅种放养时如何处理？

鳅种放养前用3%～5%的食盐水浸洗5～10分钟，以降低水霉病的发生率；用1%的聚维酮碘溶液浸浴5～10分钟，杀灭其体表的病原体。也可用

8~10 毫克/升的漂白粉溶液进行鱼种消毒，水温 10~15℃时，浸洗时间为 20~30 分钟，可杀灭鳅种体表的病原菌，增加抗病能力。

97. 如何选择养殖泥鳅的饵料？

泥鳅的食性很广，苗种投放后，除施肥培肥水质外，应投喂人工饲料，以促进其生长。饲料可因地制宜，除人工配合料外，成鳅养殖还可以充分利用鲜、活动植物饵料，如蚯蚓、蝇蛆、螺肉、贝肉、野杂鱼肉、动物内脏、蚕蛹、畜禽血、鱼粉、谷物、米糠、麦麸、次粉、豆饼、豆渣、饼粕、熟甘薯、食品加工废弃物和蔬菜茎叶等。泥鳅特别爱吃动物性饵料，尤其是碎的鱼肉。因此给泥鳅投喂的饵料以动物性饵料为主。在生产实践发现，在泥鳅摄食旺季，如果连续 1 周投喂单一高蛋白饲料，例如鱼肉，由于泥鳅贪食，吃得太多会引起肠道过度充塞，影响肠呼吸，会导致泥鳅在池中集群，并大量死亡，因此应注意将高蛋白质饲料和纤维质饲料配合投喂。为了防止泥鳅贪食过度集中在食场，可在塘边多设一些食台，将其分散。

98. 如何根据水温来决定投喂泥鳅饵料？

泥鳅对饵料的选择和食欲与水温是有一定的关系，当水温在 20℃以下时，以投喂植物性饵料为主，一般占 60%~70%；水温在 21~23℃时，动植物饵料各占 50%；当水温超过 24℃时，植物性饵料应减少到 30%~40%。

泥鳅食欲随水温升高逐渐增强，水温 15~20℃时，日投饵量为体重的 2%；水温 20~23℃时，日投喂量为体重的 3%~5%；水温 23~26℃时，日投喂量为体重的 5%~8%；水温 26~30℃时食欲特别旺盛，此时可将投饵量增加到体重的 10%~15%，以促进其生长。在水温高于 30℃或低于 10℃时，应减少投饵量甚至停喂饵料。饵料应做成块状或团状的黏性饵，设置食台定点投喂，投喂时间以傍晚投饵为宜。

99. 如何给鳅池里的泥鳅投饵？

投喂人工配合饲料，一般是每天上、下午各喂 1 次，投饵应视水质、天气、摄食情况灵活掌握，以次日清晨不见剩食或略见剩食为度。投饵要做到定时、定点、定质、定量。也可通过投饵机投饵（图 2-1）

100. 如何调控泥鳅池的水质？

养殖池水质的好坏，对泥鳅的生长发育极为重要。鳅池水质调控方法主要有以下几点。

图 2-1 投饵机

一是及时调整水色，要保持池塘水质"肥、活、爽"，鳅池水色以黄绿色为佳，透明度以 20～30 厘米为宜，溶解氧的含量达到 3.5 毫克/升以上，pH7.6～8.8。养殖前期以加水为主，养殖中后期每 2～3 天换水一次，每次换水量在 20%～50%。当池水的透明度大于 25 厘米时，就应追施有机粪肥，以增加池塘中的桡足类、枝角类等泥鳅的天然饵料生物；透明度小于 20 厘米时，应减少或停施追肥。经常观察水色变化，当水色变为茶褐色、黑褐色或水体溶氧低于 2 毫克/升时，要及时加注新水，更换部分老水。定期开启增氧机，以增加池水溶氧，避免泥鳅产生应激反应。

二是及时施肥，通常每隔 15 天施肥 1 次，每次每亩施有机肥 15 千克左右。也可根据水色的具体情况，每次每亩施 1.5 千克尿素或 2.5 千克碳酸氢铵，以保持池水呈黄绿色。

三是及时消毒，6～10 月每隔 2 周用二氧化氯消毒 1 次，若水塘水质已富营养化，可结合使用微生态制剂，适当施一些芽孢杆菌、光合细菌等，以控制水质。光合细菌每次用量为使池水成 5～6 克/米³ 水体的浓度，施用光合细菌 5～7 天后，池水水质即可好转。

四是对温度进行有效控制，泥鳅最适宜生长的水温为 18～28℃，当水温达 30℃时，大部分泥鳅钻入泥中避暑，易造成缺氧窒息死亡，此时要更换池水，增加水深，以调节水温和增加水体溶解氧；在池塘宽边或四角栽种莲藕等挺水植物遮阴，降低水温，也可用水葫芦和浮萍等水生植物遮阳。

五是每天检查、打扫食台一次，观察其摄食情况。20 天一次，每立方米水体用 20 克生石灰全池泼洒；半月一次，每立方米水体用漂白粉 1 克消毒食场。

六是防止缺氧，夏季清晨，如果只有少数泥鳅浮出水面，或在池中不停地上下蹿游，这种情况属于轻度缺氧，太阳升起后便自动消失，如果有大量的泥鳅浮于水面，驱之不散或散后迅速集中，就说明缺氧比较严重了，这时一定要及时采取措施，增加水体溶解氧。

101. 在夏季酷暑时如何为鳅池防暑降温？

一是在池埂上种植丝瓜、南瓜、葫芦、葡萄等藤蔓形瓜果，并在池塘上方搭建架子供瓜果攀爬，架子面积占池塘总面积的 1/3～1/2。

二是在池边搭设荫棚，以供泥鳅在高温时避暑。

三是在池角种植莲藕、茭白等挺水植物，或在池塘里移栽水生植物如浮萍、水浮莲、水葫芦等，以供泥鳅在高温时避暑，还适应了泥鳅对光照强弱的需要。

四是适时加注新水、适当提高水位。

102. 如何防止泥鳅逃逸？

泥鳅善逃，当拦鱼设备破损、池埂坍塌或有小洞裂缝外通、汛期或下暴雨发生溢水时，泥鳅就会随水或钻洞逃逸。特别是高密度饲养泥鳅，即使只有很小的水流流入饲养池中，泥鳅便可逆水逃走，有时一夜之间逃走一半甚至更多。因此防逃是日常管理的重点，具体做好以下几项工作。

一是清整池塘时，要清除池埂上的杂草，夯实和加固加高池埂，查看池埂是否有小洞或裂缝外通，如有则应及时封堵。

二是在汛期或下暴雨时，要排掉部分池水，以确保池塘不被迅速淹没或发生漫池现象，同时整理并加固池埂，及时堵塞漏洞，疏通进、排水口及渠道，避免发生溢水逃鱼。

三是加强进、排水口的管理，检查进、排水口的拦鱼设备有无损坏，一旦有破损，就要及时修复或更换，在进水口泥鳅常会逆水流逃跑，因此要设置网罩防止泥鳅逃逸（图 2-2）。

四是在鳅塘四周安装防逃网，防逃网要有 30 厘米以上高度，网下沿要扎入泥土中，以免漫水时泥鳅逃逸。

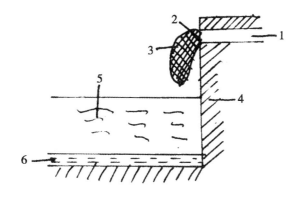

图 2-2 泥鳅池进水口网罩示意图

1—进水管 2—进水口 3—聚乙烯网罩 4—池壁 5—池水 6—池底

103. 在池塘养殖泥鳅时，如何防治疾病？

泥鳅发病多是因为日常管理和操作不当引起的，而且一旦发病，治疗起来就很困难，因此，对泥鳅疾病应以预防为主。

要选择适于泥鳅生长发育、减少应激反应的饲养环境；要选择体质健壮、体表光滑、无病无伤、活动力强的苗种；鳅苗下池前要进行严格的鱼体消毒，杀灭鱼体上的病菌；合理的放养密度，若放养密度太大，容易导致泥鳅缺氧和生病；定期加注新水，改善池塘水质，增加池水溶氧，调节池塘水温；加强饲料管理工作，观察泥鳅的摄食、活动和病害发生情况，绝不能投喂腐臭变质的饲料，否则，泥鳅易发生肠炎等疾病，同时要及时清扫食场、捞除剩饵；定期用药物进行全池泼洒消毒，杀灭池中的致病菌，可用 1% 的聚维酮碘全池泼洒，使池水达到 0.5 克/米³ 的浓度；定期投喂药饵，并用硫酸铜和硫酸亚铁合剂进行食台挂篓挂袋，增强池中泥鳅的抗病力，防止疾病的发生和蔓延；捕捞运输过程中要规范操作，避免人为原因而使鱼体受伤感染，引发疾病；定期检查泥鳅的生长情况，避免发生营养性疾病；每天巡池，注意观察，发现池中有病鱼死鱼要及时捞出，查明发病死亡的原因，及时采取治疗措施，要在远离饲养池的地方，将病鱼和死鱼焚烧或深埋，避免病源扩散。

104. 如何预防泥鳅的敌害生物？

泥鳅个体小，容易被敌害生物猎食。泥鳅的敌害生物种类很多，在饲养期间，要注意杀灭和驱赶敌害生物，如蛇、蛙、水蜈蚣、红娘华、鸥鸟、鸭子等，防止鲶鱼、乌鳢等凶猛肉食性鱼类和其他与泥鳅争食的生物如鲤鱼、鲫鱼、蝌蚪等进入鳅池。

预防的方法是：在鳅苗下池前用生石灰彻底清塘，杀灭池中的敌害和肉食性鱼类；在进水口处加设拦鱼网，防止凶猛肉食性鱼类和卵进入鳅池；池中若已存在大型凶猛性鱼类，可采用钩钓的方法清除；养殖池内增设防鸟网以防禽鸟来犯（图 2-3）；驱赶池边的禽鸟和家畜，防止鸭子等进入池内伤害泥鳅。

青蛙捕食害虫，池塘中如果有蝌蚪及蛙卵时，千万不要用药物毒杀或捞出干置，应用手抄网将蛙卵或集群的蝌蚪轻轻捞出，投放到其他天然水域中。

图 2-3　养殖池的防鸟网

第三章　池塘套养泥鳅

1. 池塘套养泥鳅有什么意义？

套养是我国池塘养鱼的特色，池塘套养可以合理利用水体和饲料，发挥养殖鱼类之间的互利作用，是降低养殖成本，提高池塘鱼产量的重要措施。泥鳅可在家鱼的亲鱼池、鱼种池以及养鳝池中混养，以残饵为食以及池塘里野杂鱼虾、浮游动物等，一般不需要专门投饵。

2. 套养泥鳅对池塘环境有什么要求？

套养池塘的大小、位置、面积等条件应随主养鱼类而定，但套养泥鳅的池塘必须是无污染的水体，pH6.5～8.5，溶氧在 5 毫克/升以上，大型浮游动物、底栖动物、小鱼、小虾丰富。

3. 适合与泥鳅套养的鱼有哪些？

适于和泥鳅套养的鱼类主要是不与泥鳅争饵料、争空间的草鱼、鳊鱼、鲢鱼、鲮鱼和鳙鱼等。泥鳅不能和鲶鱼、乌鳢等肉食性鱼类以及和它争水域地盘的罗非鱼、鲤鱼、鲫鱼等套养。如果在 10 亩以上的池塘养殖，建议采用立体养殖或者网箱养殖泥鳅，这样可以增加水体利用率，提高单位面积产量，增加整体效益。

在常规成鱼池套养泥鳅时，泥鳅产量可占池塘总产量的10％～20％。

4. 四大家鱼鱼种池套养泥鳅应如何操作？

①选择水源充足、水质良好、无敌害生物、水深为 0.8 米左右的鱼种养殖池塘。

②放养泥鳅的时间一般在 4 月中下旬进行，此时也正是鱼种下塘的时间。

③放养的泥鳅品种以黄斑鳅为最好，灰鳅次之，不投青鳅苗。

④若投放体长 6 厘米的泥鳅，每亩可套养 0.8 万尾；体长 3 厘米左右的鱼种，每亩套养 0.5 万尾左右。同一池中放养的鳅种要求规格单一，大小差距不

能太大，以免大鳅吃小鳅。

⑤鳅种放养前须经消毒，方法如前所述。

⑥鱼种池塘套养泥鳅一般不需投饵，如发现鱼塘中确实饵料不足可适当投喂饵料，投喂时要注意先喂主养鱼后喂套养的泥鳅。

⑦抓好日常管理。一是每天早晚各巡塘一次，早上观察有无鱼浮头，如浮头过久，应适时加注新水或开动增氧机，傍晚检查鱼吃食情况，以确定次日投饵量。酷热季节，天气突变时，应加强夜间巡塘，防止意外。二是适时注水，改善水质，一般 15～20 天加注新水一次，天气干旱时，应增加注水次数，如果鱼塘载体量高，必须配备增氧机。三是定期检查鱼的生长情况，如生长缓慢，则须加强投喂。

5. 四大家鱼鱼苗池套养泥鳅应如何操作？

①池塘选择。鱼苗池塘要求水质较肥，水体透明度在 25 厘米左右，池塘保持水深 1.2 米以内，最好有浅坡、浅滩，坡比 1∶1.5～1∶2。在投放苗种前池塘要经过严格消毒，使池中既没有敌害生物，也没有肉食性鱼类如鳜鱼、乌鳢、鲶鱼等。

②主养鱼类选择。根据泥鳅的特性和鱼苗培育的特点来看，主养鲢鱼、鳙鱼苗的池塘套养泥鳅效果是比较好的。

③放养前准备。泥鳅苗种放养前 7～10 天，要进行池塘消毒工作，2 天后施肥并加水。另外，为了防止泥鳅逃逸，塘口四周要埋设密网。

④泥鳅放养。经过药物消毒的池塘，1 周后当轮虫大量出现时即可同时投放泥鳅水花和花白鲢夏花，也可在主养品种投放前先培育泥鳅水花，选择晴天上午在上风口浅水处投放，每亩投放 5 万～10 万尾。投放生长快、抗逆性好的优质黄鳅苗种。

⑤饲养管理。鱼苗塘套养泥鳅，对于鱼苗的投喂管理应加强，实行投喂豆浆与有机粪肥相结合，操作方法与常规鱼苗一样。泥鳅饵料以沉性颗粒饲料或自配粉料为主，少投膨化颗粒饲料。

6. 龟鱼螺鳅套养的原理是什么？

龟大多喜欢潜居在水底，钻入泥中，或者上岸晒甲、活动，使养龟池的大量空间处于闲置状态，因此可利用龟池进行适当的龟鱼螺鳅套养。田螺繁殖能力强，可以解决乌龟和泥鳅绝大部分的饵料，另外自然繁殖的小泥鳅也可以成为龟的天然活饵料，一些生病的小鱼小虾也能被龟捕食，大大减少龟鱼饵料的投放量。而放养的鱼、鳅对改良底质、改善水质大有好处，还能有效减少龟鱼鳅的疾病，因此这是一条降低养殖成本，增加收入的好途径。

7. 龟鱼螺鳅套养的池塘应如何处理?

一是做好清塘消毒工作。在龟鱼螺鳅入养前，要对饲养池进行一次彻底的消毒，清塘消毒的药物主要是生石灰、漂白粉、茶枯等，具体方法如前所述。

二是要根据龟、鳅的特性，建设好池塘。这种套养模式是以养龟为主，养殖鱼螺鳅为辅，因此养殖池应严格按照养龟池要求设计建设。当然，一般的鱼塘也可改造成龟鱼鳅混养池，但因龟有爬墙凿洞逃逸的习性，泥鳅也有非常强的逃逸能力，因此应在池塘四周筑起防逃墙，在进、出水口要用密网拦好，防止敌害生物侵入。还要根据需要，修建饵料台、亲龟产卵场及龟晒甲活动场所。龟池的水位维持在 80 厘米左右。

8. 龟鱼螺鳅套养时品种选择有讲究吗?

龟类以七彩龟、黄喉水龟、草龟为好，鱼类以温水性非肉食性鱼类为主，如鲢、鳙、草、鳊等鱼，这些鱼可充分利用水中的浮游生物。螺类以中华圆田螺为好，它们取食龟鱼鳅的粪及有机碎屑。泥鳅可以是从稻田水沟野外捕捉的黄鳅，如果是自己培育的更好，由于泥鳅喜食池中杂草及寄生虫，是水底清洁工，而仔螺幼鳅又是龟类最好的饵料。

9. 龟鱼螺鳅的放养密度和规格分别是多少?

每平方米幼龟 4~6 只，或成龟 2~4 只，幼龟池可放养 5 厘米左右的小规格鱼种，以培育成大规格鱼种。成龟池和亲龟池则放养长 15 厘米左右的大规格鱼种，以养成商品鱼。每 100 米^2 投放田螺 25 千克左右、泥鳅 5 千克左右。

10. 龟鱼螺鳅套养时如何科学投喂?

饲料投喂以龟为主，在满足龟的需要情况下，适当投喂一些鱼类饲料，如瓜果皮、菜叶等，也可在水中养些水浮莲等植物，即可净化水质，又可供螺鳅食之。

龟和泥鳅一样，也是杂食性的，其动物性饲料包括猪肉、牛肉、羊肉、猪肝、家禽内脏、小鱼虾、蚯蚓、血虫、面包虫，植物性饲料包括菠菜、芹菜、莴笋、瓜、果等。大规模养殖时可用人工混合饵料，其具有营养全面、使用方便等优点，如龟增色饲料、颗粒状饲料等。另外，由于螺鳅繁殖的仔螺幼鳅又是龟最好的食物，因此龟的投饵要根据套养池内的天然饵料而定，投喂方法也要遵循"四定"原则。

11. 龟鱼螺鳅套养时的日常管理工作有哪些?

一是加强巡塘,防敌害、防逃、防盗,观察龟鱼螺鳅活动情况,发现问题,及时处理。

二是管理以龟为主,在亲龟产卵季节,应尽量减少拉网次数,以免影响其交配,减少产卵量,而造成经济损失。

三是鱼类的饲养管理与池塘养鱼方法一样,为鱼和鳅创造良好环境。

四是在气候异常时,尤其在闷热天气时,可能会出现龟类因不适而减少活动、鱼类会出现浮头等现象,严重时可造成泛塘死亡,泥鳅上蹿下跳,到处翻滚,而螺会大量地贴在池边。为防止这些事故的发生,在气候异常时,应及时加注新水,平时少量多次追肥,维持水体适宜肥度,宁少勿多,注意保持水体的清洁度。

12. 套养泥鳅的莲藕塘要如何改造?

莲藕塘套养泥鳅能减少池塘水中有害生物,提高池塘肥力,使莲藕增产25%以上。一般要求池塘面积3~5亩,平均水深1.2米,底泥厚30~40厘米,东西向为好。在藕池施肥整平10天后泥质变硬时开挖围沟、鱼坑,目的是在高温、藕池浅灌、追肥时为泥鳅提供藏身之地,以及方便投喂和观察其吃食、活动情况。围沟挖成"田"字形或"目"字形,沟宽50~60厘米,深30~40厘米,在围沟交叉处或藕田四周适当挖几个鱼坑,坑深0.8~1米,开挖沟、坑所取出的泥土用来加高夯实池埂。

13. 套养泥鳅的莲藕塘为什么要安装拦鱼栅?

泥鳅逃逸能力强,因此要对莲藕塘进行改建和设置拦鱼栅。拦鱼栅安装在藕塘的进、排水口处,防止泥鳅由进、出水口逃出。拦鱼栅用竹箔或金属网制成,高出池埂20厘米,呈弧形安装固定,凸面朝向水流。拦鱼栅孔目大小根据泥鳅规格制定。进排水中渣屑多或池塘面积大,可设双层拦鱼栅,里层拦鱼,外层拦杂物。

同时要将池埂层层夯实,埂边用木板或水泥板或塑料薄膜拦住,大小高低以铺满池埂为宜,并插入泥中深20~30厘米。

14. 如何在莲藕塘放养泥鳅?

一是在放养鳅苗前要做好莲藕塘的消毒杀菌工作,每亩塘面用生石灰180千克化水后全池泼洒,药效消失后每亩施有机肥1000千克,7天后投放鳅苗。

二是掌握好放养时间和技巧。一般在莲藕长出第一片叶时放鳅苗，每亩投放规格为 0.5 克的泥鳅 6000～10000 尾，要求其体壮、无病、无伤、大小均匀。鳅苗下塘前用 3% 食盐水浸泡 5～10 分钟。

15. 莲藕塘里套养泥鳅应如何管理?

一是做好投饵管理。鳅苗放养第三天开始投喂，投以麸皮、饼类、蚯蚓、动物内脏等。选择鱼坑作投饵点，每天上午 7～8 时、下午 4～5 时各投 1 次，每天的投饵量为泥鳅体重的 3%～6%。定期向藕塘倾泻发酵的粪水，一般每隔 1 个月追肥 1 次，每亩每次倾倒发酵过的粪水 50～100 千克，以培养浮游生物做泥鳅的饵料，池水透明度控制在 15～20 厘米。进入 7 月份后，在池塘上方安装两盏诱虫灯诱捕虫蛾作为泥鳅的饵料。一盏为白炽灯，吊在藕叶上方 20 厘米处；一盏为黑光灯，吊在藕叶下离水面 10 厘米处，两盏灯处在同一垂直线上。天黑后先开白炽灯，发现有大量虫蛾时，打开黑光灯，关闭白炽灯。半小时后，关闭黑光灯，再打开白炽灯。如此反复操作，诱蛾效果颇佳。

二是做好巡池工作。巡视藕池是藕鱼生产的基本工作之一。通过巡池及时发现问题，及时采取相应措施，故必须坚持每天早、中、晚 3 次巡池。巡池的主要内容：观察鱼的浮头情况，查找鱼浮头的原因；检查田埂有无洞穴或塌陷，一旦发现应及时堵塞或修整；水流畅通，鱼沟、鱼溜有一定深度和宽度；检查水位是否保持在适当位置；在投喂时注意观察鱼的吃食情况，相应增加或减少投量；经常检查藕的叶片、叶柄是否正常，及早发现疾病，对症下药。巡塘也是加强防毒、防盗管理的一种措施，保证养殖环境安宁。

三是定期注水。注水的原则是鱼藕兼顾，随着气温不断升高，在不影响莲藕生长的情况下，要尽可能及时加注新水，到 6 月初水位升至最高，达到 1 米。7～9 月，每 15 天换水 10 厘米。

四是做好防病工作。在对莲藕进行病害防治时，同时要考虑农药不能对泥鳅的安全产生影响。应选用高效、低毒、低残留的无公害农药，同时掌握正确的施用方法。莲藕的虫害主要是蚜虫，可用 40% 乐果乳油 1000～1500 倍液或抗蚜威 200 倍液喷雾防治。病害主要是腐败病，应实行 2～3 年的轮作换茬，在发病初期可用 50% 多菌灵可湿性粉剂 600 倍液加 75% 百菌清可湿性粉剂 600 倍液喷洒防治。

每月每立方米水体用 15 克生石灰化水后泼洒一次，每半个月投喂含 0.2% 土霉素的药饵 3 天，预防泥鳅生病。

16. 蚌池混养泥鳅的原理是什么？

蚌池混养泥鳅的养殖模式主要是根据珍珠蚌与泥鳅的食性和栖息习性不同以及珍珠蚌养殖池野杂鱼较多的特点而设计。这种套养模式对珍珠蚌的生长不发生影响，却可充分提高池塘水体利用率，从而达到珠蚌和泥鳅双丰收。

17. 混养泥鳅的蚌池对水体有什么要求？

选择供水充足，水质良好，水深 1.5～2.5 米的养殖池塘。一定速度的流水，对育珠蚌的生长及珍珠培育极其重要。育珠水域保持在中性略偏碱的范围，pH 值以 7～8 为宜，这也满足泥鳅的生态习性。偏酸性水体不利于育珠蚌的生长和珍珠的形成，可以通过向水体中泼洒生石灰水的方法进行调节。过于偏碱性的水体又抑制了育珠蚌的生长，可通过施加有机肥的方法进行控制。

育珠蚌的生长及珍珠的合成依赖于钙的吸收。育珠蚌要求水体中保持钙离子含量在 15 毫克/升以上，可通过施加钙肥来补充钙源。镁、硅、锰、铁等不仅是育珠蚌生长所需元素，而且也是其饵料生物生长所必需的，通过施加有机肥、无机肥来补充这些营养元素。稀土能促进育珠蚌分泌珍珠质，加快珍珠的形成。在稀土营养源中，以硝酸型稀土效果为最佳，珍珠增长速度最快。在育珠蚌生长旺季每月施加稀土营养源一次，使池水呈 0.1 毫克/升的浓度。

18. 如何在蚌池里放养泥鳅？

放养时间，一般在每年的冬季至翌年 3 月前。放养品种以黄斑鳅为最好，灰鳅次之，不投青鳅苗。投放前用 3％～5％ 的食盐水消毒鳅苗，浸洗时间为 5～10 分钟。放养密度与鱼种池塘套养泥鳅相同。

19. 蚌池混养泥鳅时如何投喂饲料？

蚌的最适饵料是生物藻类，其次是小型浮游动物和细菌及有机碎屑，所以培养丰富的饵料生物对珍珠养殖至关重要。蚌无捕食器官，仅靠鳃纤毛活动所形成的水流来摄取食物，故应把蚌养在食物最丰富的水层，春秋季节水温10～30℃时，将蚌吊在离水面 20～30 厘米处，盛夏和严冬将其吊在离水面 70 厘米左右为好。养殖水域冬季不必施肥，春、秋季应施以无机肥和有机肥，以促进浮游生物生长，夏季气温高，应少量多次施以无机肥料。水体颜色以黄绿色为好，透明度以 30 厘米左右为宜，池塘里优质的饵料生物对于泥鳅也是必要的。

泥鳅的投饵也是少量的，如果水色偏淡，说明池塘里的饵料生物少了，这时可及时施肥来培肥水质，同时投喂一些专用的泥鳅配合饲料，日投饵率在

1‰以下就可以了。

20. 为什么要囤养泥鳅?

随着笼捕、电捕等捕捞工具的发展，滥捕野生泥鳅使泥鳅的自然资源受到极大的破坏，日见匮乏，自然种源越来越少，能捕到的泥鳅的规格也越来越小。囤养泥鳅，对小规格的泥鳅进行短期催肥暂养，既可以提高上市规格，又可以调节市场。因其投资小，产量高，收益快，风险相对较小，所以在城郊出现了泥鳅专业养殖户，巧赚地区差价、季节差价，经济效益十分可观。

21. 如何构建泥鳅囤养池?

囤养池应选择地势稍高的向阳、背风处和无污染的地方修建，要求供水充足、水质良好，有一定水位落差；池子的面积以 10～20 米² 为宜，池深以 0.4～0.6 米最适合。一般农户尚未形成规模时，以建土池为佳，土池容易构建，成本低，同时可避免因水泥池在夏天积聚温度，造成池内温度高于池外温度 3～5℃，而发生泥鳅被热死；池子建好后，在池底上铺设 30 厘米厚带水草的泥土。

在养殖条件成熟或经济较好时，可建水泥池来囤养，池壁用红砖或石块砌成，水泥浆抹面，并力求光滑，池子以圆形为佳，池壁上方砌成向内突的防逃檐，池底铺黄黏壤土，并夯实，池底应呈锅底形，排水沟设在池底，排水口设置于池底中央处。池底层铺上机织网片，网片上面均匀地铺垫油菜、玉米秸秆，厚度 15～20 厘米，同时，撒上少量生石灰，然后铺垫 20 厘米厚的硬泥和 10 厘米厚的淤泥。根据泥鳅囤养池的大小，进水管可用内径为 1.8 厘米的钢管 8～12 个，按同一方向（与池壁呈 15°角）等距安装在池壁上，高出池底 40 厘米。而溢水口则安置在池上方，过水面为 20 厘米×30 厘米，用 20 目的尼龙绢布做拦栅。新建造的泥鳅囤养池在使用前要进行去碱处理，方法是先往池里注满水，待 4～5 天排干后重新注入新水，反复 2～3 次，就可将池壁上水泥的碱性消除。

22. 如何为囤养池降温?

泥鳅是变温动物，为了安全度夏，必须在泥鳅囤养池上方架设荫篷。具体做法是用毛竹做骨架供藤蔓植物攀爬，沿池种上丝瓜和玉米等高秆植物，形成一个具有遮阴、降温、对鳅池有增氧功能的绿色屏障。

23. 在囤养时如何选择健康泥鳅？

弄清泥鳅的来源，囤养效果较好的泥鳅来源依次是：笼捕、网捕、徒手捕捉，药物毒捕的泥鳅千万不要用，否则会有"全军覆没"的危险。

首先是拒收药物毒捕的泥鳅，可以从其精神状态和活动情况来辨别。其次是体表黏液丧失过多的泥鳅也不宜收购，也不要入池囤养。再次是体表带寄生虫的泥鳅必须先经杀虫后方可入池。第四是最好选择黄鳅，而且要求无伤无病、体格健壮、肌肉肥厚、体表无寄生虫、活动正常。第五由于泥鳅在个体规格相差悬殊时，会发生大吃小的现象，因此应将泥鳅苗种按大、中、小3个级别进行筛选，分级囤养。

最佳的放养规格为 100～120 尾/千克，放养量为 8～10 千克/米³。

24. 如何避免泥鳅在囤养时受伤？

放养泥鳅前，捡净池中的玻璃、铁皮等尖锐碎块，以免泥鳅钻穴时擦伤皮肤；泥鳅表皮黏液是它防御细菌侵袭的有效保护层，在运输和放养的操作中，要尽量小心，避免与干燥、粗糙的工具接触，保持泥鳅体表的湿润；捕捉泥鳅时不要用力捏挤鳅体，防止鳅体遭受机械损伤，给病原体造成可乘之机。

25. 在囤养时如何搞好鳅体消毒？

即使是健壮的泥鳅，也难免带有一些病原体，所以从外地采购、捕捉的鳅种在放养前，必须放在 3%～4% 的食盐水溶液中浸洗 5 分钟，或在 20 毫克/升的漂白粉液中洗浴 20 分钟，然后再入池饲养。

26. 怎样对囤养池进行消毒？

投放鳅苗前要彻底清池消毒，消灭病原体和其他敌害，每 10 米² 池面用生石灰 1 千克，化浆后趁热全池泼洒，或用 20 克漂白粉化浆后遍洒，并搅动池水，使其分布均匀，待药性完全消失后（7～10 天），再放入鳅苗，如果是新建水泥池，在使用前还须用 0.3% 浓度的小苏打溶液浸泡 3～5 天，并冲洗干净。

27. 囤养泥鳅使用的饵料有什么要求？

泥鳅入池第二天即可投饵，投喂的鲜活饵料须清洗干净，不投腐烂变质的食物。养殖期间在鳅池荫篷架上挂一盏电灯，灯泡离水面 40 厘米左右，夜间利用灯光诱集昆虫落水，以利泥鳅捕食。泥鳅喜食鲜活蚯蚓、小鱼虾、黄粉虫、蚕蛹、蛆虫等动物性饵料，但在正常生产中，如此大量的鲜活饵料难以保证，为此必须采取驯食的方法。

28. 如何对囤养泥鳅进行驯食？

泥鳅的驯食必须从早期抓起，一般待泥鳅苗种下池 20 天，对新的生活环境有所适应后，便开始驯食，驯食的具体操作程序是：早期用鲜蚯蚓、黄粉虫、蚕蛹等绞成肉浆按 20％ 的比例均匀掺拌入甲鱼或鳗鱼饵料中投喂，若驯食前停食 1～2 天，驯食效果更佳。驯食成功后，可逐渐减少动物性饵料的配比，并按照"四定"的科学方法投喂。泥鳅具有晚上觅食的生活习性，每天分 2 次在傍晚（18～19 时）和清晨（5～6 时）定时投喂。每次投饵量可参照池内水温情况灵活掌握，当水温在 14～20℃ 时，投饵量为泥鳅苗种体重的 3％～5％，当水温达 20～28℃ 时，投饵量为其体重的 7％～10％。在生长旺盛期一定要满足泥鳅的摄食需要，傍晚投喂的饵料以当晚吃完为好，不要过夜，否则，既浪费饵料，又污染水质。如果饵料不足会导致泥鳅相互蚕食。动物性饵料一定要讲究新鲜，人工配合饵料要注意营养全面，严防霉烂变质。可用水泥板在囤养池里作饵料台 2～3 个，将饵料投在饵料台上。

29. 囤养泥鳅时如何对水质进行调节？

小水体囤养泥鳅，其实也是一种精养方式，因此水质调节很关键。鳅池的水深保持 30 厘米左右，水质新鲜洁净，溶氧量充足，pH6.8～7.8。在养殖初期每隔 3～4 天更换池水的 1/3。7 月中旬以后随着泥鳅个体的增长，摄食量的增加，排泄物大量沉积，极易污染水质，这期间除定期更换池水外，还要求鳅池保持有长流水，以促泥鳅快速生长发育。在更换池水时将进、排水管同时打开（排水管用钢丝网作拦栅），使池内水体作旋转流动，以将池内一些残饵及排泄物集中从排水口排出。在夏秋高温季节，为防止池水突变，于鳅池中投放适量的水葫芦、水浮莲或水花生等水生植物，并用竹架遮阴，其面积占池水面的 1/3。为调节水体中的 pH 值，每隔 15～20 天泼洒一次石灰浆，浓度为 0.7 克/米^3。

30. 囤养期间如何定期杀菌消毒？

囤养期间常用大蒜、洋葱头捣碎拌食，有利于杀菌防病；5～9 月间，定期每平方米 5 克漂白粉化浆后洒在食场周围，进行食场消毒预防疾病。

31. 如何为囤养的泥鳅创造良好的生存环境？

泥鳅囤养池蓄水不宜太深，太深不利于泥鳅呼吸，而且容易消耗体能，影响生长，所以鳅池水位一般控制在 20～35 厘米。这样的水位在夏季高温时，水温上升较快，易热死泥鳅。鳅池水较浅，需要经常换冲水，避免水质污染发臭。在夏季遮阴降温是泥鳅囤养管理的主要内容，可在鳅池四周种植高秆植物，池内 1/4 栽种柔软的水草，池面上搭设丝瓜、南瓜棚，在池中放些水葫芦、水浮萍，为泥鳅营造舒适的安全的生存栖息环境。

32. 囤养的泥鳅啥时销售最好?

囤养的目的是利用时间差、地区差赚钱，一旦商机到来就要及时销售，囤养泥鳅的起捕时间一般在春节前后。起捕前，要清除池中杂物和烂泥。如果池泥较硬，可注水将其浸透变软，再进行捕捉。起捕时，可先将一个池角的泥土清出池外，然后用双手逐块翻泥捕捉，不宜用锋利的铁器挖掘，避免碰伤鳅体。最后将剩下的泥土全部清出作肥料用，来年饲养或囤养时用新土。捕得的泥鳅先用水冲洗干净，再暂养在水缸等容器内，一天换水 2～3 次，待泥鳅将体内食物消化、排出后，即可起运销售。暂养开始时和 24 小时后各投放青霉素 30 万单位。

第四章　网箱养殖泥鳅

1. 网箱养殖泥鳅有什么优势?

网箱养殖泥鳅具有设备简单、投资省、占用水面少、规模可大可小、管理方便、放养密度大、成活率高、生长速度快、单产高、不受水体大小限制、易捕捞等优点,是一项值得推广的实用养殖技术。

2. 网箱制作有什么讲究?

在网箱养殖中箱体是其主要构件,通常用竹、木、金属线或合成纤维网片制成。实际生产中主要用聚乙烯网线等材料编织成有结节网和无结节网 2 种网片。编织的网片可以缝制成不同形状的箱体。为了装配简便、利于操作管理和保证接触水面范围大,箱体通常为长方体或正方体。箱体面积一般为 5～30 米²,以 20 米² 左右为佳,箱长 5 米、宽 3 米、高 1 米,网目为 0.5～1 厘米,其水上部分为 40 厘米,水下部分为 60 厘米。网质要好,网眼要密,网条要紧,以防水鼠咬破而使泥鳅逃逸。网箱箱面 1/3 处设置饵料框。

3. 如何选择放置网箱的水域?

水位落差不大、流速不是太快、水质良好无污染、受洪涝及干旱影响不大、水体中无损害网箱的鱼类或水生动物、水深 1～2.5 米的水域均可考虑设立网箱,无论是静水的池塘还是微流水的沟渠,以及湖泊或水库均可设置网箱来养殖泥鳅(图 4-1)。

池塘网箱要求设置在水深 1.5 米以上、水面面积 5 亩以上的池塘。放在稻田的网箱要先在稻田的一边挖深沟,要求水深在 1 米以上,深沟的长宽以能放下网箱为准。

4. 如何放置养鳅网箱?

用于养殖泥鳅的网箱有浮动式和固定式各 2 种类型,而浮动式的又有敞口浮动式和封闭浮动式 2 种,固定式的也有敞口固定式和封闭投饲式 2 种。网箱

图 4-1　网箱养泥鳅

的水上部分应高出水面 40 厘米左右，以防逃鱼。所有网箱的放置均要牢固成形。放置网箱时，先将 4 根毛竹插入泥中，然后将网箱四角用绳索固定在毛竹上。四角用绳索拴好石块做沉子，沉入水底，调整绳索的长短，使网箱固定在一定深度的水中，可以升降，调节深浅，严防网箱被风浪水流冲走，确保网箱养殖泥鳅安全。

5. 网箱放置深度有什么讲究?

网箱放置的深度是根据季节、天气、水温而定。春秋季可放到水深 30～50 厘米，7～9 月天气热，水温也高，可放到 60～80 厘米深。

网箱养殖泥鳅可分为无土养鳅和有土养鳅两种。无土养鳅的网箱，上沿距水面 50 厘米，而网箱底部距水底则为 50 厘米以上。有土养鳅的网箱，水位要求稍浅，网箱上沿距水面 50 厘米，底部着泥。

6. 如何往有土网箱投放水生植物?

底层先铺 10 厘米粪肥，再铺 10 厘米泥土，箱内放入水葫芦或水花生。水葫芦撒放在网箱里，根须浸入水中即可，所放数量以覆盖箱内的 2/3 水面为宜。在整个生长季节，若水生植物生长增多，要及时捞出，始终控制水生植物占 2/3 水面。

7. 网箱养殖如何放养鳅种?

在 2 月底至 3 月初插入网箱，清整消毒后，开始购进鳅种、放养，最好在 3 月底鳅种全部入箱。

放养时要根据水体肥度适当调整放养量，水肥、水活，则放养量可以增加，水瘦、滞水，则放养量可适当减少。成鳅养殖箱每平方米投放体长 3～4 厘米的鳅种 600～1000 尾，或体长 5 厘米的鳅种 300～500 尾。

放养时要采用药物浸泡消毒，消毒时水温差应小于 2℃，可用浓度为 1 克/立方米的二氧化氯消毒，也可用 3% 的食盐水浸泡 15 分钟。放养规格尽量要一致。

8. 网箱养殖泥鳅应如何投喂?

①饵料种类。网箱养殖投喂的饵料种类与其他养殖方式的一样，由于网箱养殖的水体更换快，几乎不可能依靠培肥的方式来培养天然饵料生物，因此饲料一定要供应得上，最好最可靠的还是用配合饲料。

②投饵方法。网箱养殖泥鳅的投喂有一定的技术含量，并不是将饵料扔在网箱内就算完事，应在网箱内设置一个 2 米^2 的食台，食台距池底 20～25 厘米，投喂时将饵料投在食台上。日投喂量为在箱泥鳅体重的 4%～10%，分早、中、晚 3 次投喂，具体投喂量视水质、天气、摄食情况灵活掌握。水温超过 30℃ 或低于 12℃ 时，应适当减少投喂量或停喂。

9. 网箱养殖泥鳅的管理工作有哪些?

网箱养泥鳅的成败很大程度上取决于管理，一定要有专人尽职尽责地管理。日常管理工作一般包括以下内容。

①加强检查。网箱在安置前，应经过仔细检查。鳅种放养后要勤作检查。日常检查时间最好是在每天傍晚和第二天早晨。方法是将网箱的四角轻轻提起，仔细察看网衣有无破损。水位变动剧烈时，如洪水期、枯水期，都要勤检查网箱的位置，并随时对其调整。每天早、中、晚各巡视一次，除检查网箱的安全性能，如有破损，要及时缝补。巡视时更要观察泥鳅的动态，了解泥鳅的摄食情况并清除残饵，如发现疾病迹象，及时治疗，一旦发现蛇、鼠、鸟应及时杀灭驱赶。保持网箱清洁，使水体交换畅通。

②注意防逃。网箱养鳅在防逃方面要求特别细致，稍一大意就会造成逃鳅损失。导致它逃跑的主要原因有：一是网箱加工粗糙。二是网箱破损。三是固定网箱不牢固。四是溢水式逃跑，在池塘急速加水或遇到暴雨水位突然升高

时，泥鳅就会逃跑。五是蛇害和鼠害，尤其是鼠害，老鼠会咬破网箱而导致泥鳅逃跑。因此要针对各种具体情况，采取合理的方式来解决。

第五章　微流水养殖泥鳅

1. 多大的池塘比较适合微流水养殖泥鳅?

面积 1~3 亩的家鱼成鱼饲养池稍加改造就可用于养殖泥鳅。较为理想的是 500~1000 米^2 的长方形鱼池。面积太大,既增加了均匀投饲的难度,又浪费了水资源。

2. 微流水鳅池的建造有什么讲究?

砖石护坡、硬泥底质的鳅池最为理想。鳅池最好为泥底,"三合土"底质相对较差,底泥的厚度以 15~25 厘米为佳。水池要有进排水设施,排水阀能排底层水,且具备调节水位的功能。养殖池水深 0.8~1.2 米。所谓微流水,要求日平均换水量达到全池的 15%~20%,而并非要求一天 24 小时都有水流进流出,当然,如水源充足,水量丰沛,长年有微流水入池那就更好。通常生产上可以每天注水 2~3 小时,也可以几天时间注换水 1 次。此外,池塘最好能安装增氧机,以利于节水和高产。

3. 自然流水养殖泥鳅有什么特点?

利用江湖、山泉、水库等天然水源的自然落差,根据地形建池或采用网围、网拦等方式进行养殖。自然流水养殖不需要动力提水,所建鱼池或所设的网围、网拦结构简单,配套设施很少,成本最低。

4. 温流水养殖泥鳅有什么特点?

利用工厂排出的废热水、温泉水,经过简单处理,如降温、增氧后再入池,而用过的水一般不再重复使用,这类水源是养殖泥鳅最理想的水条件。其优点是生产不受季节限制,温度可以控制,养殖周期短,产量高。目前我国许多热水充足的工厂、温泉区大多都兼营养殖业。温流水养殖设施简单,管理方便,但需要有充足的温泉水或废热水。

5. 开放式循环水养殖泥鳅有什么特点?

利用池塘、水库,通过动力提水,反复循环使用水资源。因为整个流水养鱼系统与外源水相连,所以称之为开放式循环水养殖。其特点是要动力保持水体运转,只适合小规模生产。

6. 微流水养殖时泥鳅的放养密度可以大点吗?

每年 5 月后是投放泥鳅苗的最好时间,泥鳅苗可以自己捕捉也可以进行人工繁殖。

流水池水流充足,溶氧丰富,放养密度比其他养殖方式大。但放养密度有一个限度,在这个限度内,放养密度越高,产量越高;超过这个限度,就会产生相反的效果。另外放养密度还与池塘的载鱼能力相关,亦即与池塘条件、苗种规格和饲养水平等因素有关。对于长年有微流水入池或有配套增氧机的池塘,放养密度可大些,一般可达每立方米水体放养 1 千克左右泥鳅苗。池塘条件较差的,可适当降低放养量。

放养前先用杀菌或杀虫药物浸泡、消毒鳅种,并挑出受伤或体弱的鳅苗。

7. 微流水养殖泥鳅对苗种有什么要求?

第一,鳅种放养前要先进行大小分级处理,同一池要放养规格基本一致的泥鳅。泥鳅苗种体质健壮,没有病害,且放养规格不低于 5 厘米。

第二,下池前要试水,两者的温差不要超过 2℃,若温差过大,需要调整。

第三,下池前,要对鱼体进行药物浸洗消毒,杀灭鱼体表的细菌和寄生虫,预防鱼种下池后发生病害。

需要注意的是搬运时的操作要轻,避免碰伤鱼体。

8. 微流水养殖泥鳅如何搭配其他鱼类?

可以在鳅池中套放一些滤食性鱼类和植食性鱼类如鲢鱼、鳙、鲂等,一般每亩放 10~15 尾,以减少饲料的浪费,滤食性鱼类滤食相当数量的浮游生物,减少溶氧的消耗,对改善池塘水质,保持水质"活、嫩、爽"有重要作用。

9. 微流水养殖泥鳅的饲料台如何设置?

不设饵料台饲养时,泥鳅个体规格差异较大,因此成鱼池最好架设饵料台。饵料台可用竹材编制成圆形或长方形的筛框,底下铺一层聚乙烯纱窗布;

也可用金属做框架，底面缝上聚乙烯纱窗布。饵料台的大小与周边的高度及滤水性能对饵料系数的高低有直接的影响，通常每个饵料台面积为 0.25～0.4 米²、边高 0.25 米较合适。设置饵料台的个数与鱼池大小相关，一般每亩成鱼池至少应设 6 个饵料台。其他的日常管理技术，可参照池塘养殖进行。

第六章 稻田养殖泥鳅

1. 稻田养泥鳅的意义是什么？

稻田养殖泥鳅是利用稻田的浅水环境，既种稻又养鳅（图6-1），从而提高稻田单位面积效益的一种生产形式，是农村种养殖立体开发的有效途径，也是农民致富的措施之一。

稻田是一个综合生态体系，在水稻种植过程中，人们向稻田施肥、灌水，但是稻田的许多营养却被与水稻共生的动、植物等所猎取，造成水肥的浪费。当我们在稻田中放进泥鳅后，整个体系就发生了变化，因为泥鳅几乎可以吃掉抢夺稻田养分的所有生物群落，减少了稻田肥分的损失和敌害的侵蚀，同时泥鳅粪便还是水稻的优质肥料，因此能大大地促进水稻生长。其经济效益是单作水稻的 1.5~3 倍。

图 6-1 稻田养殖泥鳅

2. 稻田生态养殖泥鳅有哪些优势？

①稻田的表层温度非常适宜泥鳅的生长。泥鳅喜栖息于底层腐裂土质的淤泥表层，喜欢夜间在浅水处觅食，而稻田的水位较浅，底质肥沃，正好满足这个要求。

②生态效应和经济效益特别突出。在不破坏稻田原生态系统及不增加水资源的情况下，可以做到一水两用、一地双收的效果。稻田为泥鳅的摄食、栖息等提供良好的生态环境，泥鳅在稻田中生活，可吃掉稻田中的多种生物，包括蚯蚓、水蚯蚓、摇蚊幼虫、枝角类、紫背浮萍、田间杂草以及部分稻田害虫，甚至可以不投饵，也能获得较好的经济效益，还起到生物防治虫害的部分功能，节省农药，减少粮食污染。同时，泥鳅的排泄物对水稻起到追肥的作用，农户可减少肥料的投入。

③泥鳅具有在水底泥中寻找底栖生物的习性，其觅食过程疏松了土壤，破碎了土表"着生藻类"和氮化层的封固，从而促进水稻根部微生物活动，又加速肥料的分解，促使水稻分枝根加速形成，壮根促长。

④成鳅在稻田浅水中游动，能促进水层对流、物质交换，特别是能增加底层水的溶氧。

⑤泥鳅新陈代谢产生的二氧化碳，是水稻进行光合作用不可缺少的营养物，是合理有效的生态循环。

3. 养泥鳅的稻田需要什么生态条件？

稻田养鳅为获得稻鳅双丰收，需要一定的生态条件做保证。根据稻田养泥鳅的原理，我们认为养鳅的稻田应具备以下几个生态条件。

①水温要适宜。稻田水浅，水温受气温影响甚大，有昼夜和季节的变化。而泥鳅是变温动物，它的新陈代谢强度直接受到水温的影响，所以稻田水温将直接影响稻禾的生长和泥鳅的生长。为了获取稻鳅双丰收，必须保持合适的水温。

②光照要充足。光照是水稻和稻田中其他植物光合作用的能量来源，也是泥鳅生长发育所必需的，因此，光照条件直接影响稻谷产量和泥鳅的产量。每年6～7月份，秧苗很小，阳光可直接照射到田面上，促使稻田水温升高，浮游生物迅速繁殖，为泥鳅生长提供了饵料。水稻生长至中后期时，也是温度最高的季节，此时稻禾茂密，正好可以为泥鳅遮阴、躲藏，有利于泥鳅的生长发育。

③水的供应要充足。水稻生长离不开水，而泥鳅的生长更是离不开水，为

了保持新鲜的水质，水的供应一定要及时、充足。一是选择处于不断流小河小溪旁的稻田养殖泥鳅；二是可以在稻田旁边人工挖掘机井，可随时补充水；三是选择处于池塘边的稻田养殖泥鳅，利用池塘水来保证水的供应。

④溶氧要充分。稻田水中溶解氧的来源主要是大气中的氧气溶入和水稻及一些浮游植物的光合作用，因而溶氧是非常充足的。水体中的溶氧量越高，泥鳅摄食量就越大，生长也越快。因此长时间地维持稻田养鳅水体较高的溶氧量，可以增加泥鳅的产量。

⑤天然饵料要丰富。稻田水温度高，光照充足，溶氧量高，适宜于水生植物生长，植物的碎屑又为底栖生物、水生昆虫和昆虫幼虫繁殖生长创造了条件，从而为稻田中的泥鳅提供较为丰富的天然饵料，有利于泥鳅的生长。

4. 用哪些技术措施可以让稻田水中保持充足的溶解氧？

要使养殖泥鳅的稻田水中能长时间保持较高的溶氧量，一是适当加大养鳅水体，主要通过挖鱼沟、鱼溜和环沟来实现；二是尽可能地创造条件，保持微流水环境；三是经常换冲水；四是及时清除泥鳅未吃完的剩饵和其他生物尸体等有机物质，减少因它们腐败而导致水质恶化。

5. 稻田生态养殖泥鳅有几种模式？

稻田养殖泥鳅可以归类为以下3种模式，3种模式各有优点，各养殖户应根据当地具体的情况灵活运用。

①稻鳅兼作型。也就是通常所说的稻鳅同养型，水稻田翻耕、晒田后，在鱼溜底部铺上有机肥做基肥，主要用来培养生物饵料供泥鳅摄食，然后整田。泥鳅种苗一般在插完稻秧后放养，单季稻田最好在第一次除草以后放养，双季稻田最好在第二季稻秧插完后放养。

②稻鳅轮作型。也就是先种一季水稻，待水稻收割晒田4～5天后，施好有机肥培肥水质，再暴晒4～5天后，蓄水到40厘米深，然后投放泥鳅种苗，待泥鳅养成捕捞后，再开始下一个水稻生产周期。如此动物、植物轮流养殖、种植。当早稻收割后，加深水位，形成深浅适宜的"稻田型池塘"。收割后稻草还田可以作为泥鳅的饵料，稻草腐败后可以培养大量的浮游生物，确保泥鳅有更充足的养料，稻草还可以为泥鳅提供隐蔽的场所。

③稻鳅间作型。就是利用稻田栽秧前的间隙培育泥鳅，然后将泥鳅起捕出售，稻田单独用来栽晚稻或中稻，这种方式主要是用来暂养泥鳅或囤养泥鳅。

6. 养鳅的稻田在选址上要强调什么?

养鳅的稻田是泥鳅的生活场所,稻田环境条件的优劣,对泥鳅的生存、生长和发育,有着密切的关系,良好的环境不仅直接关系到泥鳅产量的高低,同时对长久的发展有着深远的影响。

选择养泥鳅稻田地址时,要考虑到既不能受到污染,同时又不能污染环境,还要方便生产经营、交通便利且具备良好的疾病防治条件。具体包括稻田位置、面积、地势、土质、水源、水深、防疫、交通、电源、稻田形状、周围环境、排污与环保等,需周密计划,事先勘察,充分考虑利用地势自流进排水,以节约动力提水的电力成本,同时还应考虑洪涝、台风等灾害因素的影响,对连片稻田的进排水渠道、田埂,以及房屋等建筑物应注意考虑排涝、防风等问题。在条件许可的情况下,应采取措施,改造稻田,创造适宜的环境以提高稻田泥鳅产量。

7. 养泥鳅的稻田对水源有什么要求?

首先是供水量一定要充足,包括泥鳅养殖用水、水稻生长用水以及工人生活用水,确保雨季水多不漫田、旱季水少不干涸、排灌方便、无有毒污水和低温冷浸水流入。其次是水源的水质良好,清新无污染,要符合饮用水标准。养殖前一定要先考察养殖场周边环境,不要建在化工厂附近,也不要建在工业污水注入区的附近。

水源分为地面水源和地下水源,无论是使用哪种水源,都应选择在水量丰足、水质良好的水稻生产区进行养殖。如果采用河水或水库水等地表水作为养殖水源,要考虑设置防止野生鱼类进入的设施,还要考虑环境污染可能带来的影响,养殖用水一般要经严格消毒后才能使用。如果没有地面水源,则应考虑打深井取地下水作为水源,因为在 8~10 米的深处,细菌和有机物相对较少,对于供水量一般要求在 10 天左右能够把稻田注满且能循环用水一遍。因此还要求农田水利工程设施要配套,有一定的灌排条件。

8. 养泥鳅的稻田对土质有什么要求?

饲养泥鳅稻田的土质要肥沃、有腐殖质丰富的淤泥层,以弱碱性、高度熟化的壤土最好,黏土次之,沙土最劣。黏性土壤的保持力强,保水力也强,渗漏力小,渗漏速度慢,干涸后不板结,这种稻田是可以用来养泥鳅的。而矿质土壤、盐碱土以及渗水漏水、土质瘠薄的稻田均不宜养泥鳅。沙质土或含腐殖质较多的土壤,保水力差,做田埂时容易渗漏、崩塌,不宜选用。含铁质过多的赤褐色土壤，浸水后会不断释放出赤色浸出物，这是土壤释放出的铁和铝，而铁和铝会将磷酸和其他藻类必需的营养盐结合起来，使藻类无法利用，也使施肥无效，这对泥鳅生长不利，也不适宜选用。如果表土性状良好，而底土呈酸性，在挖土时，则尽量不要触动底土。底质的 pH 值低于 5 或高于 9.5 的土壤也不适宜养殖泥鳅。

9. 稻田养泥鳅对进排水系统有什么要求？

进排水系统是泥鳅养殖非常重要的组成部分，进排水系统规划建设得好坏直接影响泥鳅养殖的生产效果和经济效益。稻田养殖的进排水渠道一般是利用稻田四周的沟渠建设而成，对于大面积连片养殖稻田的进排水总渠渠道应各自独立，严防因进排水交叉污染，而导致泥鳅疾病传播。设计规划连片稻田进排水系统时还应充分考虑稻田养殖区的具体地形条件，尽可能采取一级动力取水或排水，合理利用地势条件设计自流式进排水，以降低养殖成本。可采取高灌低排的格局建进排水渠，做到灌得进，排得出，并定期对进排水总渠进行整修和消毒。稻田的进排水口应采用双层密网防逃，同时也能有效防止蛙卵、野杂鱼卵及幼体进入稻田。溢水口也要采用双层密网，防止泥鳅乘机顶水逃走。

10. 养泥鳅的稻田对面积和田埂有什么要求？

养鳅稻田的面积不宜过大，一般 3～5 亩，最大的不要超过 15 亩，通常以低洼田、塘田、岔沟田为宜。插秧前稻田水深保持 20 厘米以上。为了防止田埂渗漏，保证养鳅稻田有一定的水位，必须加高、加宽、加固田埂，要求田埂比稻田平面高出 0.5～1 米，埂面宽 2 米左右，并敲打结实，堵塞漏洞，要求做到不裂、不漏、不垮，在满水时不能崩塌跑鱼。如果条件许可，可以在防逃网的内侧种植一些黑麦草、南瓜、黄豆等植物，既可以为周边沟遮阳，又可以利用其根系达到护坡的目的。另外还要求田面平整，稻田周围没有高大树木。

11. 养鳅稻田应如何布局？

根据养殖稻田面积的大小进行合理布局，养殖面积略小的稻田，只需在稻田四周开挖环形沟就可以了，水草要参差不齐、错落有致，以沉水植物为主，漂浮植物为辅。

如果养殖面积较大，要设立不同的功能区，通常在稻田四个角落设立漂浮植物暂养区，环形沟部分种植沉水植物和部分挺水植物，田间沟部分则全部种植沉水植物。

12. 在稻田中开挖的田间沟有几种？

因稻田水位较浅，夏季高温对泥鳅的影响较大，因此必须在稻田四周开挖田间沟（图6-2）。在保证水稻不减产的前提下，应尽可能地扩大鱼沟和鱼溜面积，最大限度地满足泥鳅的生长需求。鱼沟的位置、形状、数量、大小应根据稻田的面积和自然地形来确定。一般来说，面积比较小的稻田，只需在田头四周开挖一条鱼沟即可；面积比较大的稻田，可每间隔50米左右在稻田中央多开挖几条鱼沟，当然周边沟较宽些，田中沟可以窄些。根据生产实践，使用比较广泛的田间沟有4种：沟溜式、田塘式、垄稻沟鱼式和流水沟式。

图6-2 稻田里的田间沟

13. 什么是沟溜式田间沟？

沟溜式田间沟的开挖形式有多样，先在田块四周内外挖一套围沟，其宽5米，深1米，位置离田埂1米左右，以免田埂塌方堵塞鱼沟，沟上口宽3米，下口宽1.5米。然后在田内开挖多条"田""十""日""弓"或"井"或"川"字形水沟，鱼沟宽60～80厘米，深20～30厘米，在鱼沟交汇处挖1～2个鱼溜，鱼溜开挖成方形、圆形等形状均可（图6-3～图6-6），面积1～4米²，深40～50厘米。鱼溜总面积占稻田总面积的5％～10％。鱼溜的作用是，当水温太高或偏低时是避暑或防寒的场所；在水稻晒田和喷农药、施肥及夏季高温时是泥鳅的隐蔽、栖息场所，有了鱼溜在起捕时便于集中捕捉，也可作为暂养池。

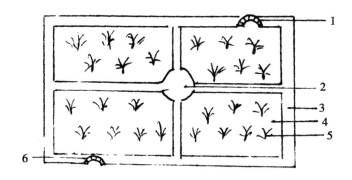

图 6-3 圆形鱼溜

1—进水口 2—圆形鱼溜 3—田间沟 4—田块 5—秧苗 6—出水口

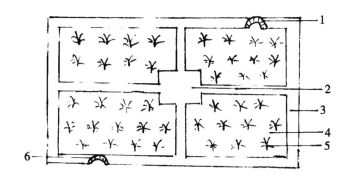

图 6-4 口字形鱼溜

1—进水口 2—口字型鱼溜 3—田间沟 4—田块 5—秧苗 6—出水口

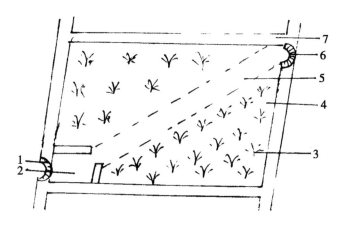

图 6-5 一字形鱼溜

1—进水口 2——字型鱼溜 3—秧苗 4—田块 5—鱼沟 6—出水口 7—田间沟

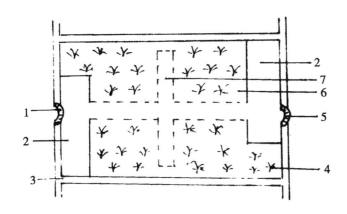

图 6-6　长方形鱼溜

1—进水口　2—鱼溜　3—田间沟　4—秧苗　5—出水口　6—田块　7—鱼沟

14. 什么是田塘式田间沟?

田塘式田间沟有两种:一种是养鱼塘与稻田接壤,泥鳅可在塘、田之间自由活动和吃食(图6-7);另一种是在稻田内或外部低洼处挖一个鱼塘(图6-8),鱼塘的面积占稻田面积的 10%~15%,深度为 1 米,鱼塘与稻田相通。鱼塘与稻田以沟相通,沟宽、深均为 0.5 米。

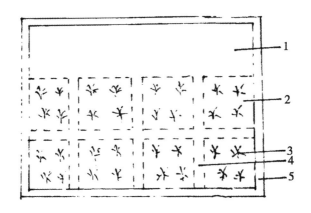

图 6-7　田塘式田间沟之一

1—鱼池　2—田块　3—秧苗　4—田间沟　5—田埂

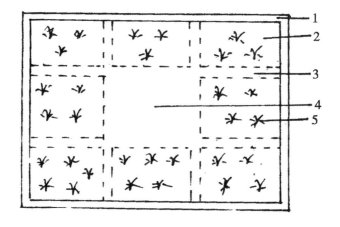

图 6-8 田塘式田间沟之二

1—田埂 2—田块 3—田间沟 4—鱼池 5—秧苗

15. 什么是垄稻沟鱼式田间沟?

　　垄稻沟鱼式田间沟是把稻田的周围沟挖宽挖深，田中间也隔一定距离挖宽的深沟，所有的宽的深沟都通鱼溜，泥鳅可在田中四处活动觅食。在插秧后，可把秧苗移栽到沟边。其四周栽上约占稻田面积 1/4 的水花生作为泥鳅栖息场所（图 6-9、图 6-10）。

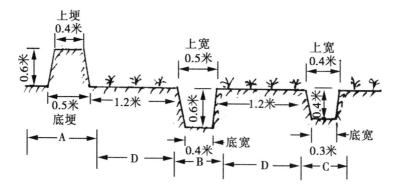

图 6-9 垄稻沟鱼式田间沟（剖面图）

A—埂 B—围沟 C—中间沟 D—田块

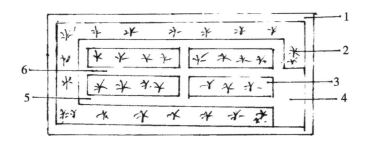

图 6-10　垄稻沟鱼式田间沟（平面图）

1—田埂　2—秧苗　3—田块　4—鱼溜　5—围沟　6—中间沟

16. 什么是流水沟式田间沟？

流水沟式稻田是在田的一侧开挖占总面积 3％～5％ 的鱼溜。接连鱼溜顺着田开挖水沟，围绕田一周，在鱼溜另一端沟与鱼溜接壤，田中间隔一定距离开挖数条水沟，均与围沟相通（图 6-11），形成一活的循环水体，这对田中的稻和鱼的生长都有很大的促进作用。

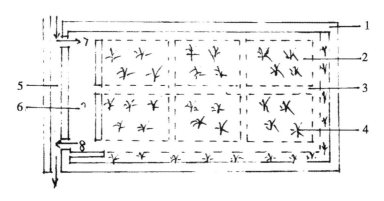

图 6-11　流水沟式田间沟

1—田埂　2—田块　3—鱼沟　4—秧苗　5—农田灌溉渠　6—流水沟　7—进水口　8—排水口

17. 稻田养鳅有哪些防逃措施？

一是稻田的进排水口尽可能设在相对应的田埂两端，便于水流均匀畅通地流经整块稻田，在进排水口处安装坚固的拦鱼栅，拦鱼栅可用铁丝网、竹条、柳条等材料制成。拦鱼栅应安装成圆弧形，凸面正对水流方向，即进水口凸面面向稻田外部，排水口则相反。拦鱼栅孔大小以不阻水、不逃鱼为度，并用密眼铁丝网罩好。

二是稻田四周最好构筑防逃设施，可以考虑用 50 厘米×40 厘米的水泥板衔接围砌，水泥板与地面呈 90°角，下部插入泥土中 20 厘米左右，露出泥面 30 厘米左右，各水泥板相连处用水泥勾缝。如果是粗养，只需加高加宽田埂即可。

三是将稻田田埂加宽至 1 米，高出水面 0.5 米以上，可用农用膜或塑料布或油毡纸铺垫并插入泥中 20 厘米来围护田埂，以防因漏洞、裂缝、塌陷而使泥鳅逃走。这种简易设施造价低，防逃效果好。

18. 放鳅苗前为什么要对稻田进行清整？

稻田是泥鳅生活的地方，稻田的环境条件直接影响泥鳅的生长、发育。可以这样说，稻田清整是改善泥鳅养殖环境条件的一项重要工作。从养殖的角度上来看，对稻田进行清整有以下五个好处。

一是提高水体溶解氧。稻田经一年的养殖后，环沟底部会沉积 10 厘米左右的淤泥。如果不及时清整，稻田环沟里的淤泥过多，水中有机质也多，大量的有机质经细菌作用氧化分解，消耗大量溶氧，使稻田下层水处于缺氧状态。把过量的淤泥清理出去，就减轻了稻田底泥的耗氧量，也就提高了水体的溶解氧。

二是减少泥鳅得病的概率。淤泥里存在各种病菌，而淤泥过多又容易使水质变坏，水体酸性增强，病菌大量繁殖。清整田间沟能杀灭水中和底泥中的各种病菌、寄生虫等，减少泥鳅发病。

三是杀灭敌害生物。通过对稻田田间沟的清淤，可以杀灭对泥鳅尤其是鳅苗的有害生物，如蛇、鼠、水生昆虫和吞食鳅苗的野杂鱼类（如鲶鱼、乌鳢等）。

四是起到加固田埂的作用。养殖时间长的稻田，因泥鳅经常性打洞有的田埂会被掏空，甚至出现崩塌现象。在清整环沟的同时，可以将底部的淤泥挖起放在田埂上，拍打紧实，以加固田埂。

五是增大了蓄水量。当沉积在环沟底部的淤泥被清整后，环沟的容积扩大了一些，稻田的蓄水量也就增加了。

19. 稻田养泥鳅应如何施肥料？

稻田里养殖的泥鳅主要捕食水蚤、水丝蚯蚓、摇蚊幼虫等。适度施肥，能促使饵料生物生长。养殖泥鳅的稻田施肥有两种情况，一种是在泥鳅放养前施基肥，用来培养天然饵料生物，另一种是在养殖过程中，为了保证浮游生物不断，必要时少量、均匀地追施无机肥。即"以基肥为主，追肥为辅；以有机肥为主，无机肥为辅"的施肥原则。有机肥可作为基肥，也可作为追肥，无机肥则宜作为追肥。

稻田养殖泥鳅所施基肥以腐熟的有机肥为主，在平田前按稻田常用量将鸡、牛、猪粪等农家肥施入沟、溜内，抛秧前2～3天有机肥和化肥配合施用效果最佳，每亩可施农家肥300千克、尿素20千克、过磷酸钙20～25千克、硫酸钾5千克。

放养泥鳅后一般不施追肥，以免降低田中水体溶解氧，影响泥鳅的正常生长。如果发现稻田脱肥，则应及时少量施追肥，追肥以无机肥为主，采取勤施薄施方式。禾苗返青后至中耕前追施尿素和钾肥1次，每平方米田块用量为尿素3克、钾肥7克，配施有机肥30千克，以保持水体呈黄绿色。抽穗开花前追施人畜粪1次，每平方米用量为猪粪1千克、人粪0.5千克。人畜粪的有形成分主要施于围沟靠田埂边及溜沟中，并使之与沟底淤泥混合。

在追施肥料时，先排浅田水，让泥鳅集中到鱼沟后再施肥，这样有助于肥料迅速沉积于底泥中并为田泥和禾苗吸收，随即加入田水到正常深度；也可采取少量多次、分片撒肥或根外施肥的方法。在水稻抽穗期间，要尽量增施钾肥，以满足水稻生长需要。

20. 在稻田中养殖泥鳅，为什么推荐免耕抛秧技术？

养殖泥鳅的稻田，水稻栽种有两种方式，一种是手工插秧，另一种就是采用抛秧技术。考虑到插秧时对泥鳅的影响因素，我们建议采用免耕抛秧技术栽植水稻。

稻田免耕抛秧是指不改变稻田的形状，在抛秧前未经任何翻耕犁耙的稻田，待水层自然落干或排浅水后，将钵盘或纸筒培育出的带土块秧苗抛栽到大田中的一项新的水稻耕作栽培技术。将稻田养鳅与水稻免耕抛秧技术结合起来是一种稻田生态种养技术。

水稻免耕抛秧在养鳅稻田的应用结果表明，该技术省工节本、减少栽秧对泥鳅的影响和耕作对环沟的淤积影响，具有提高劳动生产率、保护土壤和增加经济效益等优点，深受农民欢迎。

21. 稻田养鳅如何选择水稻品种？

由于免耕抛秧具有秧苗扎根较慢、根系分布较浅、分蘖发生稍迟、分蘖速度略慢、分蘖数量较少等生长特点，加上养鳅稻田一般只种一季稻，选择适宜的高产优质杂交稻品种是非常重要的。水稻品种要选择分蘖及抗倒伏能力较强、叶片开张角度小、根系发达、茎秆粗壮、抗病虫害、抗倒伏且耐肥性强的紧穗型且穗型偏大的高产优质杂交稻组合品种，生育期一般以140天以上的品种为宜，目前常用的品种有Ⅱ优63、D优527、两优培九、川香优2号等，另

外汕优系列、协优系列等也可选择。另外，为兼顾泥鳅的生长发育和在稻田活动时对空间和光照的要求，就要控制秧苗高度，培育矮壮秧苗。

22. 稻田养鳅采用人工移植应如何改进移栽方式?

在稻田养殖泥鳅，提倡免耕抛秧，当然也可以采用人工秧苗移植，也就是我们常说的人工插秧。

为了适应稻田养殖泥鳅的需要，在插秧时，可以改进移栽方式，一种是用三角形种植，以（30厘米×30厘米）～（50厘米×50厘米）的移栽密度、单丛3苗呈三角形栽培（苗距6～10厘米），做到稀中有密，密中有稀。另一种是用正方形种植，也就是行距、丛距相等，呈正方形，这样做的目的是可以改善田间通风透光条件，促进单株生长，同时有利于泥鳅的运动和生长。

23. 稻田养鳅如何投放泥鳅苗种?

一是要选择生长快、繁殖力强、抗病力强的泥鳅苗种，最好是来源于泥鳅原种场或从天然水域捕捞的，要求体质健壮无病无伤。

二是要掌握好放养时间，不同的养殖方式，放养鳅种的时间有一定差别，如果是稻鳅轮作养殖方式，则应在早稻收割后，及时施入腐熟的有机肥，然后蓄水，放养鳅种（图6-12）。如果是稻鳅兼作养殖方式，在放养时间上要求做到"早插秧，早放养"，单季稻放养时间宜在初次耘田后，双季稻放养时间宜

图 6-12 向稻田里投放苗种

在晚稻插秧 1 周左右当秧苗返青成活后。

三是放养密度要适宜，在稻田中养泥鳅一般是当年放养，当年收获。因此应放养规格在 3 厘米以上的大鳅种，一般每亩稻田放养规格 3～4 厘米的鳅种 2 万～3 万尾。如有流水环境或有较高饲养管理水平的，可适当多放养一些。

四是鳅种入田前用 3%～5% 的食盐水浸泡 10～15 分钟或用 5 毫克/升的甲醛溶液药浴 5 分钟，杀灭体表寄生虫及水霉菌。另外，养殖泥鳅的稻田不要混养其他鱼类。

24. 如何确定鳅苗的放养密度?

泥鳅苗种的放养密度除了取决于苗种本身的来源和规格外，还取决于稻田的环境条件、饵料来源、水源条件、饲养管理技术等。

稻田内鳅苗放养量可用下式进行计算。

幼鳅放养量（尾）＝养鳅稻田面积（亩）×计划亩产量（千克）×预计出池规格（尾/千克）/预计成活率（%）

其中：计划亩产量是根据往年已达到的亩产量，结合当年养殖条件和采取的措施，预计可达到的亩产量；预计成活率，一般可取 70% 为计算；预计出池规格，根据市场的要求而确定适宜的规格。计算出来的数据可取整数放养。

25. 稻田养殖泥鳅时的饲料如何解决?

稻田养殖泥鳅在粗养时，也就是放养量很少的情况下，稻田里的天然饵料能满足其正常需求，不需要投喂。如果放养量比较大，则需要人工投喂饲料，以补充天然饵料的不足。泥鳅为杂食性鱼类，主要饲料有畜禽血、小杂鱼、小虾、螺、蚌、蚯蚓、蚬肉、蝇蛆、鲜蚕蛹、切碎的禽畜内脏及下脚料。可适当搭配麦芽、玉米粉、米糠、豆饼、豆渣、麸皮、发酵酸化的瓜果皮，同时施猪粪等有机肥料以培养浮游生物。有条件的地方可投喂配合浮性颗粒饲料。在这些饲料中，以蚯蚓、蝇蛆最为适口。还可以在稻田中装 30～40 瓦黑光灯或日光灯引诱昆虫喂泥鳅。

26. 如何给稻田里的泥鳅投喂饲料?

泥鳅进入稻田后，先饿 2～3 天再投饵，投喂饲料要坚持"四定"的原则。

①定点。开始投喂时，将饵料撒在鱼沟和田面上，以后逐渐缩小范围，将饵料定点投放在田内的沟、溜内，每亩可设投饵点 5～6 处，使泥鳅形成条件反射，集群摄食。

②定时。投饵时间最好掌握在 17～18 时，可将饲料加水捏成团投喂。

③定量。投喂时一定要根据天气、水温及残饵量灵活掌握投饵量，投饵量一般为泥鳅总体重的2％～4％。鳅种放养第一周不用投饵。1周后，每隔3～4天投喂1次。如投喂太多，会胀死泥鳅，污染水质；投喂太少，则影响泥鳅的生长。气温低、气压低时少投，天气晴好、气温高时多投，以第二天早上不留残饵为准。7～8月是泥鳅生长的旺季，要求日投饵2次，投饵率为10％。10月下旬以后温度下降，泥鳅基本不摄食，应停止投饵。

④定质。饵料以动物性蛋白饲料为主，力求新鲜不霉变。小规模养殖时，可以用培育的蚯蚓、豆腐渣培育的虫，以及利用稻田光热资源培育的枝角类等活饵喂泥鳅。

还可就地收集和培养活饵料，例如用塑料大盆2～3个，盛装人粪、熟猪血等，置于稻田中，引苍蝇在其中产卵，蝇蛆长大后会爬出落入水中供泥鳅食用，以充当部分饵料。

27. 如何对稻田的水位进行管理？

水位调节是稻田养鳅的重要一环，水的管理以水稻为主，依据水稻的生长需要兼顾泥鳅的生活习性适时调节，多采取"前期水田为主，多次晒田，后期干干湿湿灌溉法"。

免耕稻田抛秧5天左右是秧苗的扎根立苗期，应保持10厘米左右浅水，以利早立苗。如遇大雨，应及时将水排干，以防漂秧。这一阶段可以暂时不放养泥鳅，也可以在稻田的一端进行暂养，或放养在田间沟里。

抛秧后5～7天，秧苗渐渐进入有效分蘖期，此时可以放养泥鳅，田水宜浅，一般水层可保持在10～15厘米。坚持每周换水1次，换水5厘米。

水稻孕穗至抽穗扬花期也是泥鳅的生长旺盛期，随着泥鳅的不断长大和水稻的抽穗、扬花、灌浆均需大量水。此时可将田水逐渐加深到20～25厘米，以确保泥鳅和水稻的需水量。在抽穗始期后，可慢慢地将水深再调节到20厘米以下，既增加泥鳅的活动空间，又促进水稻的增产。同时，还应注意观察田沟水质变化，一般每3～5天换冲水1次；盛夏季节，每1～2天换冲新水，调节水温，保持田水清新，避免泥鳅被烫死。

灌浆期间采取湿润灌溉，保持田面干干湿湿至黄熟期。

28. 养鳅稻田应如何预防水稻病虫害？

水稻病害主要有稻瘟病、纹枯病、白叶枯病、细菌性条斑病，虫害有三化螟、稻纵卷叶螟、稻飞虱等。特别要注意加强对三化螟的监测和防治，浸田用水的深度和时间要保证，尽量减少三化螟虫源，同时，防治螟虫要细致、彻底。所有用药一定要用低毒、高效的生化药物，如井冈霉素、杀虫双、三环唑等，而且应分批下药。不得用有关部门禁用的药物，喷药时，喷头向上对准叶面喷施，不要把药液喷到水面，并采取加高水位降低药物浓度的方法，或降低水位只保留鱼沟、鱼溜有水的办法，防止农药对泥鳅产生不良影响。要注意的是喷雾药剂宜在稻叶露水干之后喷施，而喷粉药剂宜在露水干之前喷施。另外，也不要使用除草剂。

对于虫害，可以减少施药次数，因为泥鳅能摄食部分田间小型昆虫（包括水稻害虫），故虫害较少，也可在稻田里设置太阳能杀虫灯，被杀死的害虫落到稻田里是泥鳅的好饵料。

29. 如何对稻田里的泥鳅进行科学防病？

对泥鳅病害防治，应始终坚持预防为主、治疗为辅的原则。

一是泥鳅入田时要严格进行稻田、鳅种的消毒，杜绝病原菌入田。

二是在鳅种的搬动、放养过程中，不要用干燥、粗糙的工具，要保持鳅体湿润，防止损伤，若发现病鳅，要及时捞出，隔离，防止疾病传播，并请技术人员或有经验的人员诊断病因，科学施治。

三是每半月用生石灰或漂白粉泼洒四周环沟1次，以预防鳅病。可以生石灰挂篓，每次2～3千克，分3～4个点挂于沟中，或用漂白粉0.3～0.4千克，分2～3处挂袋。

四是定期使用诺氟沙星（氟哌酸，下同）或鱼血散等内服药拌饲投喂，以防肠炎等病。每月用诺氟沙星10～20克，配50千克饲料投喂2～3天，防止赤皮病。

五是坚持防重于治的原则，养殖泥鳅的稻田水浅，要常换新水，保持水质清新。

30. 如何防范稻田中泥鳅敌害生物？

稻田中常见的泥鳅敌害生物有水蛇、青蛙、蟾蜍、水蜈蚣、老鼠、黄鳝、水鸟等，应及时采取有效措施驱逐或诱灭之，平时做好灭鼠工作，春夏季需经常清除田内蛙卵、蝌蚪等。水鸟和麻雀都喜欢啄食幼小的泥鳅，因此一定要及时将其驱赶。在放鳅苗的初期，稻株茎叶不茂，田间水面空隙较大，此时泥鳅个体较小，活动能力较弱，躲避敌害的能力较差，容易被敌害侵袭。到了收获时期，由于田水排浅，泥鳅可能到处爬行，也易被鸟、兽捕食。对此，要加强田间管理，并及时驱捕敌害，有条件的可在田边设置一些彩条或稻草人，恐吓、驱赶水鸟。另外，泥鳅放养后，还要禁止家养鸭子下田沟。

31. 如何给养鳅的稻田施药?

养鳅能有效抑制稻田杂草生长,泥鳅还能摄食昆虫,降低病虫害,所以可减少除草剂及农药的施用量。泥鳅入田后,若发生草害,可人工拔除。如果确因稻田病害或鳅病严重需要用药时,应掌握以下几个要点:第一,科学诊断,对症下药;第二,选择高效低毒低残留农药;第三,喷洒农药时,一般应提高水位,降低药物浓度,减少药害,也可缓慢地放干田水让泥鳅爬进鱼沟后再用药,待 8 小时后上水至正常水位;第四,粉剂药物应在早晨露水未干时喷施,水剂和乳剂药应在下午喷洒;第五,可采取分片用药的方法,即先施稻田一半,过两天再施另一半,尽量避免农药直接落入水中,保证泥鳅的安全。

32. 如何做到既晒田又不影响泥鳅的生长?

水稻生长发育过程中的需水情况是在变化的,对于养泥鳅的水稻田来说,养泥鳅需水与水稻需水是主要矛盾。田间水量多,水层保持时间长,对泥鳅的生长是有利的,但对水稻生长却是不利。在水稻分蘖后期要采用晒田的方法来抑制无效分蘖,这时的水位很浅,对养殖泥鳅非常不利,因此做好稻田的水位调控工作是非常有必要的。生产实践中我们总结一条经验,那就是"平时水沿堤,晒田水位低,沟溜起作用,晒田不伤鳅"。晒田前,要清理鱼沟鱼溜,为泥鳅提供安全的躲避场所。晒田总的要求是轻晒或短期晒,晒田时,沟内水深保持在 13~17 厘米,晒好田后,及时恢复原水位,以免泥鳅缺食太久影响生长。

33. 稻田养鳅还要做好哪些日常管理工作?

一是放养泥鳅的稻田,要做到专人负责管理,经常整修加固田埂。力争每天巡田 1~2 次,以便及时发现问题。

二是为防止暴雨季节泥鳅逃逸,应事前采取防范措施,如加高田埂和加大排水力度等。降雨量大时,及时将田内过量的水排出,以防泥鳅逃逸。

三是经常检查鱼溜、鱼沟是否畅通,检查、修复防逃设施,特别是在稻田晒田、施肥、施药前和阴雨天更要注意仔细查找漏洞,并及时堵塞,清除进排水口拦鱼栅上的杂物。

四是注意观察泥鳅的活动情况,如果发现泥鳅时常游到水面"换气"或在水面游动,表明要注入新水,停止施肥。

五是双季晚稻栽种时,最好采用免耕法,以避免机械损伤泥鳅。同时要严防水蛇等天敌入侵,也要防止家养鸭子下田吞食泥鳅。

六是注意水源安全，严禁含有甲胺磷、毒杀酚、呋喃丹、五氯酚钠等剧毒农药的水流入稻田。

34. 如何捕捞稻田中养的成鳅?

稻田养鳅的成鳅一般在 9 月份开始捕捞。由于稻田泥鳅潜伏于泥中生活，捕捞难度大，可根据泥鳅的生活习性采取以下方法捕捞。

一是在田里泥层较深处事先堆放数堆猪、牛粪做堆肥，引诱泥鳅集中于粪堆后进行多次捕捞。

二是将进出水口打开装上竹篓或须笼，泥鳅自然会随水流进入其中。

三是捕捞时用晒干的油菜秆，浸泡于稻田的沟、坑中，待油菜秆透出甜质香味，泥鳅闻而集聚时可围埂捕捞。也可用稻草扎成草把放在田中，将猪血放入草把内，第二天清晨可用抄网在草把下抄捕。

四是将田里的水全部排干重晒，晒至田面起硬皮，然后灌入一层薄水，待大量泥鳅从泥中出来后进行网捕。

五是先慢慢排干田中的积水，并用流水刺激，在沟、溜处用网具捕获，经过几次操作，一般可以捕到 90% 以上的成鳅。

第七章　泥鳅其他的养殖技术

1. 沼肥可以用来养殖泥鳅吗?

沼肥包括沼渣和沼液，它含有铜、铁、镁、锰、锌等元素，以及赖氨酸、蛋氨酸、烟酸和核黄素等营养成分，利用沼肥养殖泥鳅可以改善鳅池的营养条件，促进浮游生物的繁殖生长，同时可以改善鳅池的生态环境，使水中的溶解氧增加，减少鱼病的发生，实现泥鳅的增产增效。

2. 沼肥养殖泥鳅如何选址建池?

为了更有利于泥鳅的养殖，要选择在水源有保障、排灌方便、背风向阳、靠近沼气池出料口的地方建池。为了便于管理，可将泥鳅养殖池建设在房前屋后，池的大小因地制宜，一般面积在 $10\sim20$ 米²，池深 1.2 米，池壁用砖砌好，并用水泥抹面；建有专门的进出水口，进出水口设置铁丝网以防泥鳅逃跑；池上方应建遮阴棚，架设诱虫灯。

3. 为什么要在沼液养殖池中培育水草?

在沼液养殖池中栽种、放养水草（如水葫芦等）或栽种水生植物（如慈姑等），一方面丰富的水草会吸引水生动物，为泥鳅提供饵料，另一方面池中投放的水草漂浮在水面，为泥鳅遮阳隐蔽，避免夏热时节强紫外线对泥鳅的直接照射，同时还可调节水温。水草根系发达，不仅给泥鳅提供了良好的栖息场所，而且还可净化水质，改善饲养池内的生态环境。一般水草覆盖面积占水面的 2/3 左右。

4. 沼肥养殖泥鳅需要清池消毒吗?

建好养殖池后，养殖池一定要进行消毒后才可放养泥鳅，可用漂白粉或生石灰进行消毒，用量和方法同前文（见本书 18～20 页）。同时可以将建池时清除的水草和有机肥堆铺在沼池向阳岸的半水坡边，使其腐烂，用以培养水蚤来肥水。

5. 沼肥养殖泥鳅如何投放鳅种？

要确认养殖池是安全的才能放鳅种，可以测验池水的 pH 值是否降到 7 以下，或观察有无水蚤活动，或把几十条泥鳅放入池水中安装好的网箱内试养，若泥鳅在箱内一天活动正常，即可放养鳅苗。每平方米放养 3～4 厘米的鳅苗 30～50 尾为宜，人工繁殖或者野生的鳅苗均可饲养，鳅苗应无伤、无病、体健活泼。鳅苗放养前应放入 3%～5% 食盐溶液中浸浴 10 分钟，以达到杀菌消毒的作用；放养规格不能相差太大，以免出现大吃小的现象。

6. 沼肥养殖泥鳅如何投饵？

泥鳅在饲养过程中，除施沼渣、沼液培育天然的浮游生物饵料外，还可适量投喂螺蛳、蚯蚓，以及豆腐渣、米糠、酒渣和嫩植物的茎叶等饵料。不同时期日投饵量占泥鳅总体重的比例分别是：3 月为 1%，4～6 月为 4%，7～8 月为 10%，9～10 月为 4%。投饵要坚持"四定"，池内搭饵台，把饵料投放在饵台上，饵料新鲜、无腐烂发霉，每天早、晚各投料一次，以投饵后 2～3 小时吃完为宜。晚上利用诱虫灯诱虫作泥鳅的补充饲料。

7. 怎样科学补充投放沼液？

沼渣、沼液应视水质轮流投放，从沼气池中抽出的沼液可直接使用，但放置 3 小时以上使用效果会更好。沼渣用作鱼池基肥时，每平方米可投放 250 克左右；用作追肥时，需用水或沼液调制成含固体物 1% 的肥液再投放，一般每周 1 次，每平方米每次用量不超过 500 克。追肥的时间、用量，要根据季节、气候变化和鱼池水质灵活安排，其主要指标是水色透明度，若水色透明度大于 30 厘米便要追施，小于 20 厘米则不宜追施。每次追施应选择在晴天上午进行。

8. 为什么沼池养鳅要特别注意防止缺氧？

沼液养殖泥鳅是用有机肥进行养殖，因此池子里的溶解氧含量会经常变化，为防止其缺氧要经常观察池水水质的变化，一般水质以黄绿色为宜。如果发现泥鳅常常蹿出水面呼吸或向池面跳跃，说明池水过肥，水中可能严重缺氧，这时要采取措施及时补救，比如注入新水，放掉老水。在闷热或雷雨天气，更要注意勤注新水，有条件的还可安装增氧机以增加池水溶解氧，以防死鳅。

9. 无土养殖泥鳅可行吗?

自然水域的泥鳅总是生活在有淤泥的环境中，泥土为泥鳅提供一个隐蔽的栖息空间。传统的泥鳅养殖就是采用池塘、稻田或人工营造一个淤泥环境供泥鳅栖息、生长。无土养殖泥鳅是人为地营造一个可供泥鳅钻入栖息生长的无泥土的养殖环境，促进泥鳅更好更快地生长。经过生产实践表明，无土养殖泥鳅是可行的，而且养殖效果也不错。

10. 无土养殖泥鳅有哪些优点?

与传统的有土养鳅相比，无土养殖具有以下的几个优点。

①养殖密度高。无土养殖泥鳅采用了新颖的养殖技巧，可以在一个水体中开发出多层次的空间。有土养殖像是平房，而无土养殖就像是楼房，每层都可以养泥鳅，因此养殖密度就变大了。较有土养殖泥鳅，其养殖密度提高了4倍。

②干净卫生。无土养殖池里面是没有泥土的，如有残饵沉积在底部，可以及时将它们捞上来，减少其腐败变质而影响水质的可能性。

③养殖环境得到改善。无土养殖的池子小，投料方便，换水也容易，不仅省水，还可以避免泥土带来的副作用，养殖环境大大改善。

④方便捕捞。在有土养殖时，到了冬季泥鳅就会钻到泥里了，导致采捕时的效率不高。而无土养殖捕捞时，只要用网子往池底部一兜，就很少有漏网的泥鳅了，捕捞方便，而且捕捞率几乎达到100%。

总之，无土养殖的上述优点为大规模养殖泥鳅开辟了广阔的前景。

11. 无土养殖泥鳅的养殖池建设有什么特别之处?

无土养殖泥鳅的养殖池是用砖块砌成的水泥池，或是在池子底部铺上专用的硬质薄膜。池子一般长5米、宽4米，面积在20米²左右，水深40厘米，可多池并排建成地下式或地上式的，每池应有独立的进水和排水系统，以利于防病。

池四周壁高80厘米，用水泥抹平，壁顶用砖横砌成"T"字形压口，用以预防泥鳅逃逸和水蛇进入，池壁顶下15厘米处设直径10厘米的溢水管，呈双"T"形（溢水管、排水管的方向与排水沟应在同一边）。水泥池一边池壁顶下10厘米设直径10厘米进水管，另一边池底设直径8厘米排水管并安装1个开关，排水管处池内下挖30厘米深、面积3米²的长方形集鱼坑，以便泥鳅夏天避暑和捕捞方便。进水管、溢水管、排水管，管口要用窗纱包好。排水沟留在两池之间，沟宽 20 厘米，深约 30 厘米。

12. 无土养殖泥鳅的水泥池应如何处理？

老的水泥池在使用前要经过检查，不能出现破损、漏水的现象，并用药物消毒后方可用于泥鳅的放养。

新建的水泥池不能直接用于泥鳅养殖，必须经过脱碱处理后方可使用，脱碱有以下几种方法：一是用醋酸洗刷水泥池表面，然后注满水浸泡 3~4 天；二是将水泥池加满水后，放上一层稻草或麦秸秆，浸泡 1 个月左右使用；三是将水泥池注满水后，浸泡 3~4 天，换上新水再浸泡 3~4 天，反复换 4~5 遍清水后就可以了。

13. 无土养殖泥鳅需要其他介质吗？

由于养殖池中没有泥土，因此需要在池子里添加一些多孔塑料泡沫或木块、水草等非泥土介质，为泥鳅提供栖息、隐匿的空间，既可多层次立体利用水体，又便于捕捞商品鳅。常用的非泥土介质包括以下几类：细沙、多孔塑料泡沫、多孔管、多孔木块或混凝土块、秸秆、水草等。细沙是无土养殖泥鳅早期使用的介质，类似于泥土，但比泥土干净卫生，现在已经不多用了。本书重点介绍其他几种非泥土介质。

14. 无土养鳅池中如何使用多孔塑料泡沫？

这是目前运用较多的一种介质，由于其来源较广，加上轻便耐用，所以使用得较多。可选择厚度为 15~20 厘米的塑料泡沫，长度、大小没有特别的要求，在上面每隔 5~7 厘米钻直径为 2 厘米的孔洞数个。然后将若干个已经钻好孔的塑料泡沫重叠在一起，形成一个大的立体，好像人类居住的高楼大厦一样，最后是将这些塑料泡沫加以固定，让它浮在水中，但不露出水面。

15. 无土养鳅池中如何使用多孔管？

可以在池中放置一些多孔管或塑料管，这些管子长 25 厘米、孔径 2 厘米左右，先将 10 根管子扎成一排，然后垒放在池子里，可以垒放 3~5 层。

16. 无土养鳅池中如何使用多孔木块或混凝土块？

这类介质与多孔塑料泡沫效果差不多，同样需要在木块上钻孔供泥鳅栖息。多孔木块或混凝土块的大小、厚度、间距也与多孔塑料泡沫一样，每 3 块板叠成一堆后铺排在水中，从底往上排，每平方米水面下放一堆。混凝土空心砖，由市场上购买而得，规格为 39 厘米×19 厘米×15 厘米。用时将它成纵列竖立排在池底上，每平方米放 3 块。

17. 无土养鳅池中如何使用秸秆？

先在池底铺上一层厚约 15 厘米的禾秆或麦秆，上面覆盖几排筒瓦并相互固定好，然后再在上面放一层秸秆和一层瓦片。也可以直接用秸秆捆，把选择好的没有霉烂、晾干的玉米秸或高粱秸、芝麻秆、油菜秆等秸秆，用 10 号铁丝扎成捆，每捆直径为 40~50 厘米。用钢钎或木棒在它上面捣一些孔径为5~8 厘米的洞，绑上沉石，将它平沉池底，每 2 米^2 放一捆。

18. 无土养鳅池中如何使用水草？

水草是目前应用最广泛、使用效果最好的一种无土介质。养鳅池中投放的水花生、水葫芦等水草，漂浮在水面，不仅为泥鳅遮阳隐蔽，避免夏热时节强紫外线对泥鳅的直接照射，还可调节水温，净化水质，改善池内的生态环境。水草根系发达，泥鳅躲在草根里，可以吃水草的嫩芽、嫩根。水草的覆盖面积大约占水面总面积的 2/3，为泥鳅提供了一个良好的栖息场所。

湖南农学院的研究人员曾做过泥鳅饲养池无土介质模式试验，经试验得出：不同的无土介质，对泥鳅的成活率和生长速度有较明显的影响，其中以水草作介质的养殖效果最佳。特别是大规模养殖时直接用水草放在水中进行泥鳅的无土养殖，生产过程易操作、易管理，泥鳅的生长速度和成活率都有很大的提高。

19. 无土养鳅池水质如何控制？

无土养殖泥鳅对水质的要求比较严格，这是因为没有底泥的自净作用，所以养殖池水完全依靠外来优质的水供应。

无土养殖泥鳅要求水质肥爽清新，不要有异味异色。夏天生长旺季，且气温较高，要经常加注新水。如果有微流水不断流入则更好。

除了定期换水外，还可利用某些微生物将水体或底质沉淀物中的有机物、氨氮、亚硝态氮分解吸收，转化为有益或无害物质，从而达到水质（底质）环境改良、净化的目的。这类微生物净化剂具有安全、可靠和高效率的特点。这一类微生物通称有益细菌，养殖泥鳅最常用的有光合细菌、芽孢杆菌、EM 原露等。

在使用这些有益菌时，应注意以下事项：一是严禁将它们与抗生素或消毒剂同时使用；二是为使水体中保持一定浓度，最好是在封闭式循环水体中应用或者在施用后 3 天内不换水或减少换水量；三是为尽早形成生物膜，必须缩短潜伏期，故应提早使用；四是液体保存的有益细菌其本身培养液中所含氨氮较高，也应提前使用。

20. 无土养殖泥鳅的投喂有什么讲究?

泥鳅无论采用哪种方式的无土养殖，都要进行科学投喂。投喂的饵料和投喂方式与常规的泥鳅养殖一样。

21. 用木箱可以养殖泥鳅吗?

在有水源而不宜造池的情况下，可用木箱养殖泥鳅，饲养半年即可收获，每箱产鳅 15～20 千克，这是日本非常流行的一种养殖泥鳅的方法，由于日本人特别爱吃泥鳅，而日本的土地资源十分稀缺，所以他们对泥鳅的这种养殖技术非常重视。这种养殖方式的优点是不占土地资源，不用建造水泥池或土池，但必须做好木箱。

22. 养殖泥鳅的木箱如何制作?

做一个规格为 1 米×1 米×1.5 米，空间容量为 1.5 米³ 的木箱，长度可以根据需要扩大到 2 米，只要用起来方便就行。在制作时注意一定要将箱壁刨得非常光滑，这是因为粗糙的箱壁可能会给泥鳅的逃跑带来帮助，更重要的是如果箱壁粗糙，泥鳅在箱里活动可能会擦伤皮肤，给病原菌的入侵带来便利。

在箱子一侧或相对的两侧设直径 3～4 厘米的进、排水口，并在水口安装好进排水管道，伸出箱体外面，便于进排水，进水管距箱口 70～80 厘米，排水管距箱底 30 厘米，并在水管内口处安装有 2 毫米的金属网或绑上尼龙网。装网一方面可以防止泥鳅顺管逃跑，另一方面也是为了防止敌害生物侵入木箱。不要忘了一定要在箱口加盖金属网盖子，既是为了防止泥鳅逃跑，更是为了防止飞鸟啄食泥鳅。

23. 木箱应如何布置才能适合泥鳅生长?

木箱做好后，先在箱底填入粪肥、泥土或一层稻草一层泥土的混合物，稻草要切碎，可以切成 3～5 厘米长，然后按要求进行堆放，堆积 2～3 层，最上层为泥土，确保底质的总厚度为 30 厘米就可以了，平时在养殖时可保持箱内水深 30～50 厘米（图 7-1）。

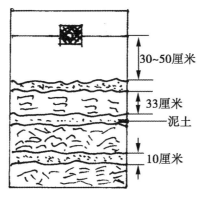

30~50厘米

33厘米

泥土

10厘米

图 7-1

24. 箱养泥鳅的木箱设置有什么技巧?

要选择避风、向阳,水质较好、无污染且水温较高的流水地方设置木箱,也可以设在较大的河沟、溪流边,水温不能低于15℃,这样才能保证泥鳅生长发育所需的温度条件。放木箱时,要将进水口正对水流,让水从进水口进入,从排水口排出。也可以让水从箱顶进入,再从两孔排出,总之要保持一个微流水的状态,保证箱内流水不断。放箱时可将几个木箱连成一串或一片,如果木箱比较多,可以按"品"字形或双排、三排来排列,进行集中养殖。

25. 木箱养殖如何选择鳅种?

在木箱里养殖泥鳅应选择生长速度快的黄斑鳅,不要投放青鳅苗。泥鳅苗种以人工网具捕捉的为好,杜绝电捕苗和药捕苗,否则投放到木箱里会很快造成大面积死亡。

26. 木箱养殖泥鳅的放养规格与密度有什么讲究?

如果放养规格为6厘米的大鳅种,每箱可放养0.8~1千克,鳅种数量1000~1500尾。如果放养规格为3~4厘米的鳅种,每箱可放养1.0~1.5千克,鳅种数量2500~3500尾。

值得注意的是,我们在放养泥鳅时,一定要一个木箱一个木箱地放养,同一木箱里放养的鳅种要求规格均匀整齐,大小差距不能太大,以免大鳅吃小鳅,而且最好是同一个地方同一批次的鳅种。具体放养量要根据木箱的供水情况、大小及透气情况以及水质条件、饲养管理水平、计划出箱规格等因素灵活掌握。

27. 放养时应如何处理鳅种？

鳅种放养前用 3%～5% 的食盐水浸洗 5～10 分钟，以降低水霉病的发生；也可用 8～10 毫克/升的漂白粉溶液进行鱼种消毒，当水温在 10～15℃ 时浸洗时间为 20～30 分钟，杀灭泥鳅体表的病原菌，增加抗病能力。

28. 木箱养殖泥鳅如何准备饲料？

泥鳅为杂食性鱼类，尤爱动物性饵料。木箱流水养殖泥鳅因缺少池塘、稻田中的水生浮游生物等天然饵料，所以一定要预先准备好适合的饵料。这些饵料包括鱼粉、动物内脏、猪血粉、蚕蛹粉等动物性饵料，以及米糠、豆饼、麦麸、酱糟、菜籽饼等植物性饵料。对于大规模饲养这些饵料不能满足泥鳅的需求时，就需要配制颗粒饵料了。这里介绍一种配合饵料的常用配方，由 50% 小麦粉、20% 豆饼粉、10% 米糠粉、10% 鱼粉或蚕蛹粉、7% 血粉、3% 酵母粉组成，经充分搅拌后，这些物料通过颗粒饲料机就可以做成所需的颗粒饲料。

29. 木箱养殖泥鳅如何科学投喂饲料？

一是将配合饲料加水捏成软团状饵，饵料通过箱盖投放到木箱里，供泥鳅食用。

二是刚开始投喂时，投饵量为箱内泥鳅体重的 1%～2%，后来就要渐渐增加。当水温达到 12℃ 时，泥鳅开始有摄食的欲望，这时可见木箱里的泥鳅在游动；水温在 15℃ 时开食，此时仍然要少量投喂，并及时清除残饵；随着温度升高投饵量也逐渐增加，在水温达 25℃ 时，投饵量可提高到箱内泥鳅体重的 7%～8%，水温高于 30℃ 或低于 10℃ 时，应少投或停食。

三是根据季节和温度调整动、植物性饵料的比例和投喂量，水温在 20℃ 以下时，植物性饵料应占总量的 60%～70%。水温在 20～23℃ 时，植物性饵料占 30%～40%。

四是由于木箱养殖泥鳅时，为了防逃和防敌害，平时箱体是加盖的，阳光不是很强烈，满足了泥鳅喜暗的要求，因此投喂可以全天候地进行，但是为了养成泥鳅定时摄食的好习惯，一般每天定时投喂 2 次，上午 7～8 时投喂全天饵料量的 70%，下午 1～2 时投喂 30%。

30. 木箱养殖泥鳅如何防治鳅病？

为了减少鳅病发生必须做好预防治工作。放养泥鳅前，必须对木箱及其他的养殖用具进行消毒；在养殖过程中，定期用生石灰、漂白粉等消毒箱体；要保证饵料质量，不投喂变质的饵料；加强观察，发现鳅病及时处理。

根据经验，在木箱里养殖泥鳅可能会发生以下疾病，一定要加强防范。一是肠炎病，可在 10 千克饵料中投入 20 克诺氟沙星，每日投喂 2 次，连喂 3～5 天；二是赤鳍病，用 0.001% 四环素药液浸洗鳅体 1～2 小时或用 0.002% 诺氟沙星药浴 24 小时，或者用 0.04%（药物占鱼体重的比例）的诺氟沙星拌入饵料连喂 3 天；三是水霉病，可用 4% 的食盐水浸洗病鳅 5～10 分钟，或用 4 毫克/升的硫酸铜溶液浸洗 20～30 分钟；四是寄生虫病，可用 0.7 毫克/升硫酸铜和硫酸亚铁（二者 5：2）连箱遍洒，可防治车轮虫和舌杯虫病。

31. 木箱养殖泥鳅需要加强哪些方面的管理？

木箱养殖泥鳅也要做好日常的管理工作，特别是以下管理工作一定要做到位：一是在下雨时尤其是急骤的雷阵雨时，要防止箱水快速外溢，而致泥鳅逃出；及时检查进、排水口是否安全，防止暴雨涨水时进、排水口受阻，检查防逃网衣是否被渣滓堵塞。二是要防止被农药、化肥污染的水进入箱内。三是每隔 10～15 天将下层泥土搅拌 1 次。

32. 什么是泥鳅的反季节养殖？

反季节养殖泥鳅是指在秋季泥鳅大量上市、价格较低时收购体质健壮、无病无伤的泥鳅进行囤养，冬季放入塑料大棚内养殖，在元旦、春节期间泥鳅价格高时出售，以赚取季节差价，可获取可观的收益。泥鳅的反季节养殖具有周期短、泥鳅越冬成活率高的优点。

33. 如何建设反季节养殖池和温棚？

养殖户多在庭院中建水泥池进行泥鳅的反季节养殖，依各自庭院因地制宜养殖池可建成地上式、地下式或半地下式。池子为长方形，东西走向，背风向阳，池壁光滑，无粗面。四周设有增氧设施，其中一侧配备一个净化池。单池面积以 100～150 米² 为宜，池深 1.2～1.5 米，水深 0.8～1 米。

养鳅池水源充足，池中要有完善的进排水系统，距池底 30 厘米处设排水口，并安装防逃设施。池中适当放一些水花生等水生植物，池上搭建温棚。

温棚按蔬菜大棚搭设方法搭建，单层或双层结构，有条件者可用钢筋结构，也可用竹竿代替，另外需备足稻草席或帘，冬季覆盖在塑料大棚上，以利保温。

34. 反季节养殖如何放养泥鳅?

①鳅种的来源。泥鳅苗种可从周围的稻田养鳅户收购,放苗前要进行筛选,同规格的泥鳅放在同一池塘中,要求鱼种无病无伤,体质健壮,游动活泼,平均规格为360尾/千克。

②放养前的处理。事先在池底铺放约20厘米厚肥泥,在放养前10~15天清整消毒鳅池。7天后,加水20~30厘米,每平方米放入畜禽粪肥0.3~0.5千克,然后加水至40~50厘米。数天后当水色呈黄绿色,水的透明度为15~25厘米时,可投放泥鳅。

鳅种投放前要用2%~4%的食盐水浸洗5~10分钟,防止水霉病,消除体表寄生虫。

③放养密度。泥鳅投放密度为1千克/米²,若有条件保持池内有微流水,放养密度可增加到1.5千克/米²。特别要避免泥鳅入池时温差过大,避免泥鳅感冒而引起死亡。

35. 反季节养殖泥鳅如何投喂饲料?

鳅苗投放3天后开始少量投饵。反季节养殖投喂以人工配合的浮性饵料为主,天然水生浮游动物为辅。人工饲料的主要成分有:鱼粉、豆粕、麦麸、玉米、黏合剂、饲料添加剂等,蛋白质含量为32%。在大棚里投喂颗粒饲料时,可对泥鳅进行逐步诱食驯化,当泥鳅能够对投饵形成条件反射时加大投饵量,投饵量逐步增加到泥鳅体重的3%~4%。每天投饵4次,分别是6时、11时、14时、18时,投饵量分别各占日投饵量的30%、20%、15%、35%。根据天气、水温、水质和泥鳅的活动情况决定投喂量,晴天水质清爽时多喂,阴雨天少投或不投,水温>30℃或<10℃时可不投饲料。最有效的方法是每天数次观察泥鳅摄食情况,用网布做成1米²左右的食台放适量饵料,放在池底,过半小时取出,观察摄食速度,再放回到原地,1小时后再取出,看有没有剩余,如有剩余应适当减少投饵量,无剩余则适当增加投饵量。

36. 反季节养殖泥鳅如何管理水质?

反季节养殖应注意施肥,每隔4~5天向鳅池泼洒粪肥1次,每平方米50~100克,保持水体透明度15~25厘米,鳅池每周换水2次,每次换水30厘米。若池内有微流水则无须常换水,但要防止水质恶化。

对大棚里的池水还要定时充氧,溶解氧保持在5毫克/升以上,若在高温季节,每隔15天使用酵母菌、光合细菌等生物制剂1次,浓度为10毫克/升。

37. 其他的日常管理工作有哪些?

冬季及早春,在晴天上午 10 时至下午 3 时,取下塑料棚上覆盖的稻草,其余时间要把稻草盖在棚上保温;夏季取下大棚上的塑料薄膜;秋季把塑料薄膜覆盖上,秋季及晚春晚上把稻草席盖在薄膜上。

坚持巡塘,做好记录,每隔 20 天对泥鳅的生长情况检查 1 次,根据检查结果,调节水质及饲料投喂量。坚持"以防为主",采取池塘消毒、水质消毒、投喂药饵等措施防治鱼病。

第八章　泥鳅的饲料与投喂

1. 泥鳅的饲料来源有几种途径？

一是运用人粪、猪粪、牛粪、羊粪等以及化肥通过培肥水体来增加水中有机物、藻类植物和轮虫、水蚤、水蚯蚓、孑孓、草履虫等。

二是捕捞和采集适于泥鳅捕食的动物性活饵，如小鱼、小虾、螺蛳、蚯蚓、昆虫类和蜗牛等。

三是广泛收集屠宰下脚料、农副产品加工下脚料、小杂鱼肉、蚕蛹、豆渣、米糠、豆饼、菜粕、麦麸和幼嫩植物的茎、叶、种子等。

四是人工专门养殖的泥鳅喜食的活饵料，如黄粉虫、蚯蚓、蛆虫等。

五是配制泥鳅专用全价饲料。

六是利用昆虫的趋光性，晚上在泥鳅池上用黑光灯诱集昆虫，供泥鳅捕食。利用昆虫对鱼腥味、糖和酒味等特殊气味的趋向性，在饵料台等处安置内盛糖、酒和水混合液的小盆诱集昆虫。

2. 泥鳅饲料有哪些种类？

①从类型上分有两大类：天然饵料和人工饲料。

天然饵料是指浮游植物、浮游动物、底栖动物、水生植物等江河、湖泊、水库、池塘等一切水体中天然繁殖生长的各种饵料生物。

人工饲料是通过人们劳动取得的饲料的统称，包括人工培育的活饵料、人工捞取或捕捉的饵料、人工配合颗粒饲料等。

②从性质上分有三大类：植物性饲料、动物性饲料和配方饲料。

植物性饲料主要有麦粉、玉米粉、麦麸、米糠、豆渣、叶菜类、菜饼、水草等。

动物性饲料主要有浮游动物，如原生动物、枝角类、水蚤、桡足类、摇蚊幼虫、轮虫等，活体饵料如鱼粉、蚯蚓、丝蚯蚓、蚕蛹、黄粉虫、蝇蛆、螺、蚌和小鱼虾等及动物下脚料如猪血、猪肝、猪肺、牛肝、牛肺等。

配方饲料就是用上述饲料作为原料，按照泥鳅不同生长期对营养的需求设计配方，然后加工成不同类型、不同规格的适口性好、饲料转化率高的饲料，主要有粉状料、糖化发酵饲料、颗粒饲料、微囊颗粒浮性饲料。

3. 泥鳅养殖的配方饲料有哪些?

根据泥鳅的营养需求可配制成不同的泥鳅人工配合饵料，以下配方可供泥鳅养殖户参考。

配方一：鱼粉 10%～20%、豆饼粉 20%～35%、小麦粉 15%～18%、菜饼粉 8%～15%、米糠粉 5%～8%、龙虾粉 5%～8%、鸡肠粉 2%～4%、鱼用生长素 1%～1.4%、血粉 5%～8%、蚕蛹粉 4%～7%、无机盐 0.1%～0.5%，所述的百分比为重量百分比。

配方二：鱼粉 15%、豆粕 20%、菜籽饼 20%、四号粉 30%、米糠 12%、添加剂 3%。

配方三：麦麸 42%、豆粕 20%、棉粕 10%、鱼粉 15%、血粉 10%、酵母粉 3%。

配方四：麦麸 48%、豆粕 20%、棉粕 10%、鱼粉 12%、血粉 7%、酵母粉 3%。

配方五：麦麸 50%、豆粕 20%、棉粕 10%、鱼粉 10%、血粉 7%、酵母粉 3%。

配方六：小麦粉 50%、豆饼粉 20%、菜饼粉（或米糠粉）10%、鱼粉（或蚕蛹粉）10%、血粉 7%、酵母粉 3%。

配方七：肉粉 20%、白菜叶 10%、豆饼粉 10%、米糠 50%、螺壳粉 2%、蚯蚓粉 8%。

配方八：血粉 20%、花生饼 40%、麦麸 12%、大麦粉 10%、豆饼 15%、无机盐 2%、维生素添加剂 1%。

配方九：豆饼 40%、菜籽饼 5%、鱼粉 10%、血粉 5%、麦麸 30%、苜蓿粉 10%。

配方十：小杂鱼 50%、花生饼 25%、饲用酵母粉 2%、麦麸 10%、小麦粉 13%。

4. 泥鳅的配方饲料有几种规格?

泥鳅的配方饲料有三种规格，一种规格是 3～6 厘米的鳅苗使用的，另一种规格是 6～10 厘米的中鳅使用的，还有一种规格是 10～15 厘米的成鳅使用的。三种规格的饲料颗粒大小不同，蛋白质的含量也不同，鳅苗用的蛋白质含量要求高一些，成鳅用的蛋白质含量低一些。

5. 对泥鳅饲料的质量有什么要求？

健康养殖泥鳅用的饲料，一方面要满足泥鳅在整个养殖过程中对营养的需求，另一方面要保证泥鳅产品的质量安全，同时要把饲料的损失和对环境的污染降低到最低。因此我们必须根据泥鳅不同阶段的营养需求，从原料选购、配方设计、加工饲喂等环节进行严格的质量控制，选择最佳的配方和水溶性低的饲料，提高配制日粮的可消化率，从而生产出低成本、低污染、高效益的商品泥鳅。

6. 饲料投喂泥鳅的要点有哪些？

为了使泥鳅吃饱吃好，生长迅速，且饲料系数低，在泥鳅的投喂过程中一定要坚持"四定四看"原则。

①定时投喂的要点。在天气正常的情况下，每天投喂饲料的时间应相对固定，从而使泥鳅养成按时来摄食的习惯。一般日投喂 2 次，8～9 时投喂 1 次；14～15 时投喂 1 次；在泥鳅生长的高峰季节，19～20 时还应第三次投喂。

②定量投喂的要点。每天投喂的饲料量一定要均衡适量，按水温的高低以及池塘中泥鳅的摄食情况灵活掌握。在生长的高峰季节，要结合每天检查食台的情况，科学地确定每天的投喂量，其中晚上的投喂量应占全天投饲量的50%～60%。定量投喂，对降低饲料的消耗、提高饲料消化率、减少对水质的污染、减少鳅病和促进泥鳅正常生长都有良好的效果。

③定质投喂的要点。投喂的饲料要求新鲜、安全卫生、适口、水中稳定性好，各种营养成分含量合理，不能投喂腐败变质的饲料。发霉、腐败变质的饲料不仅营养成分流失，泥鳅摄食后还会引发疾病及其他不良影响。要依据泥鳅在不同水温条件下，合理搭配植物性饲料和动物性饲料含量，促进泥鳅快速生长。

④定位投喂的要点。在泥鳅苗种刚入池的几天里，先是将粉状饲料沿池塘四周定时均匀投撒，然后逐渐将投喂的地点固定在食台周围，最后将投饲点固定在食台上，使泥鳅形成定时到食台上摄食的习惯。一般每亩池塘设面积 1～2 米^2 的食台 4～6 个。

定位投喂的好处一是将饲料均匀投撒在食台上，便于泥鳅集群摄食；二是投放的饲料不会到处漂散，避免造成浪费；三是便于饲料均匀地撒开在食场范围内，不堆积，能确保泥鳅均匀摄食；四是便于检查和确定泥鳅的摄食和生长情况；五是需要给池塘中的泥鳅投喂药饵时，能使泥鳅集群均匀摄食，提高药效。

7. 如何通过观察泥鳅的吃食情况来判断投饵量是否适量?

给泥鳅投饵后可以通过眼力观察来判断实际的投饵量是否合适。投喂后在1个半小时内吃完饵料为正常,1小时不到就吃完表明投喂量不足,还有一部分泥鳅没有吃饱,应适当增加投喂量。如到2小时饵料还未吃完,而泥鳅群已离开食场,表明饱食有余,下次投喂可适量减少。

8. 如何通过观察泥鳅的生长来判断投饵量是否适量?

4～5月份,泥鳅的食量逐渐增加,在一周或一旬的投喂计划中,要观察周初与周末或旬初与旬末的变化。如果投喂量不变,到周末或旬末时,投喂的饵料在半小时内就吃完,这表明泥鳅的体重增加了,吃食量大了,还没有吃饱,则要适当增加喂量。

9. 如何通过水面动静来判断投饵量是否适量?

吃饱后的泥鳅一般都沉到水底。投食后如果泥鳅没有生病而在水面上频繁活动,属饥饿表现,尤其是泥鳅苗种在水面上成群狂游,这是严重饥饿的表现,俗称"跑马病",要立即投食,堵截狂游,否则泥鳅会大批死亡。

10. 如何通过水质变化来判断投饵量是否适量?

对于以浮游生物为主食的肥水泥鳅来说,可通过观察水质的肥瘦去判断其是否满足泥鳅的生长需求。当水质瘦时,用施肥办法去培养浮游生物;当水质过肥,出现恶化浮头时,则要立即换水开机增氧,必要时投放敌百虫药物杀死浮游动物,促进泥鳅的生长。

11. 为什么活饵料是泥鳅养殖重要的蛋白源?

据测定,细菌、螺旋藻、轮虫、桡足类、黄粉虫、蝇蛆、蚯蚓中的蛋白质含量相当高,分别为65.5%、58.5%～71%、56.8%、59.8%、64%、54%～62%、53.5%～65%。而且各营养成分平衡,氨基酸组分合理,含有全部的必需氨基酸,对池塘养殖的泥鳅有促进生长发育和防病作用,是泥鳅养殖最主要的优质蛋白源之一。天然活饵料养殖的泥鳅体色更有光泽,肉质细嫩洁白,口感极佳。

12. 利用活饵料驯养野生泥鳅效果如何?

上述活饵料的体内均含有特殊的气味,而且在鱼体内易消化,驯养野生泥鳅的效果极佳。在池塘养殖时，常使用蚯蚓粉拌饵投喂的方法来驯化从野外捕捉的泥鳅，在闻到这些活饵料特有的气味后，野生泥鳅会集群抢食，驯化效果明显。

13. 活饵料的适口性如何？

刚孵化出的泥鳅幼体，在卵黄囊消失后，幼体刚开始摄食时，只能摄取几微米到十几微米大小的饵料，而如此微小的饵料颗粒，目前还难以用人工饵料来取代，因此可以选择大小合适的生物饵料进行培养来满足幼体的开口摄食要求。例如泥鳅鱼苗的口径在 $0.22\sim0.29$ 毫米之间，适口食物的大小应在 $0.16\sim0.43$ 毫米。而轮虫的个体一般在 $0.16\sim0.23$ 毫米之间，完全可满足泥鳅苗适口的要求。枝角类个体在 $0.6\sim1.6$ 毫米、桡足类个体在 $0.8\sim2.5$ 毫米都是泥鳅鱼苗培育后期的良好活饵料。因此我们在泥鳅苗种培育和成鱼养殖中，常采用"肥水下塘"的方法，实际上就是利用粪便等农家肥培肥水质即培养大量的适口活饵料——轮虫、枝角类和桡足类供鱼苗食用。

14. 活饵料有改善池塘水质的作用吗？

饵料生物在水中正常生活，能优化水质。例如单细胞藻类在水中进行光合作用，放出氧气，光合细菌和单细胞藻类都能降解水中的富营养化物质，有改善水质的作用。

15. 如何使用光合细菌净化鳅池水质？

光合细菌作为养殖水质净化剂，目前国内外均已进入生产应用阶段。在日本、东南亚各国和我国的养虾池、养鱼池、养鳝池、养鳅池均已比较普遍地投放光合细菌作为改善水质的净化剂。一般是将光合细菌与 20 倍左右的水混合后全池泼洒，并在投饵区等重污染区域加大使用量和使用次数。由于光合细菌是靠其在生长繁殖过程中利用有机物、铵盐等来净化水质，只有当菌体数量达到一定规模时净化效果才比较明显，因此光合细菌对水质净化的过程需要较长的时间，不像化学药剂那么快，在实际应用时，应在苗种入池前 $1\sim2$ 周或高温期到来前 $1\sim2$ 个月开始施用，且在高温期每隔半个月左右要追施 1 次。实践证明光合细菌能降低池水有害物质含量，氨氮含量平均降低 0.4 毫克/升，并能增加池水的溶解氧含量，溶氧量平均增加 1.2 毫克/升，对改善池塘生态环境有明显效果。

16. 如何使用光合细菌防治泥鳅疾病?

光合细菌对泥鳅的传染性疾病尤其是细菌性和真菌性疾病的防治效果较好。使用方法与净化水质相似,采用全池泼洒的方法预防疾病。一旦出现病情,将患病个体捞出,用稀释 10 倍的菌液浸浴 10~20 分钟,可收到很好的效果。

17. 如何使用光合细菌培育泥鳅苗种?

光合细菌对促进幼体生长和提高幼体成活率有较明显效果。其主要作用有两方面:一是净化水质,改善幼体的环境条件;二是作为饵料被幼体摄食。根据培养对象的不同,光合细菌可能只有一个方面的作用,也可能两者兼而有之。光合细菌在育苗中的使用是从幼体破膜开始直至出苗的整个育苗期间。一般是换水后每天分早晚 2 次投喂,可将光合细菌经过适当稀释后全池泼洒,或与豆浆、蛋黄等代用饵料混合投喂。

18. 光合细菌作为泥鳅饲料添加剂应如何使用?

一般是将经过稀释的光合细菌均匀地喷洒在配合饲料或鲜活饲料上,立即投喂或阴干后备用。硬颗粒配合饲料在加工过程中不宜加入,以免加工过程中的高温破坏菌体的有效成分。

19. 光合细菌的使用量是多少?

光合细菌的使用量是应用中的一个关键问题。用量太少则效果不明显,用量太多除增加了经济负担外,在苗种培育过程中还会出现副作用。故确定使用量的原则是在保证效果的前提下越少越好。常用的量为:净化水质时第一次施用每立方米水体为 10~15 毫升,追施时为 5~10 毫升;作为饲料添加剂时用量为 1%~2%;苗种培育过程中的使用量为每日每立方米水体 100~150 毫升,分早晚 2 次投喂。

值得注意的是:光合细菌要在适宜的温度及阳光下繁殖生长,才能发挥其优良的功效。因此一方面要保证菌液的质量浓度在 2.1 亿个/毫升以上,另一方面还应避免在阴雨天或水温较低的情况下使用。

20. 如何选购光合细菌产品?

目前市售的光合细菌产品大多为菌体的培养液,不是浓缩产品或干制产品。菌液中的有效成分是菌体细胞,而菌液中含有的一些成分如污染的杂菌、残留的培养基成分（主要是铵盐和有机物）以及光合细菌产生的一些代谢产物等对泥鳅生长有一定的副作用。所以用户在使用时一定要选择菌体密度大（30亿个/毫升以上）、纯度高、活力强，采用人工照明封闭式培养生产的产品。当然如果是养殖户自己进行培养的，效果最佳。

21. 培养枝角类养殖泥鳅有什么优点?

枝角类又称水溞，是鱼虫的代表种类，隶属于节肢动物门甲壳纲枝角目，是一种小型的甲壳动物，也是淡水水体中最重要的浮游生物，它含有泥鳅所必需的重要氨基酸，而且维生素及钙质也颇为丰富，人工培养获得的枝角类是饲养泥鳅幼体的理想饲料，尤其是刚刚繁殖后进入池塘培育的幼体的优质开口饵料之一。

22. 如何采集枝角类休眠卵?

枝角类的休眠卵大多沉于水底。据报道，鸟喙尖头溞的休眠卵60%以上分布在海底表层到2厘米深的海泥处，而6厘米以外的海泥中未确认有休眠卵存在。因此，采集休眠卵，应在底泥表层到5～6厘米深处采集。方法是用采泥器采集底泥，将采集的底泥用0.1毫米的筛绢过滤，滤除泥沙等大颗粒、杂质后放入饱和食盐水中，休眠卵即浮到表层，将其捞出即可。

23. 如何培养枝角类?

①用绿藻和酵母培养。培养容器主要是烧杯、塑料桶及玻璃缸。利用绿藻培养时，可在装有清水的容器中，注入培养好的绿藻，当水变为淡绿色时即可引种。利用绿藻培养枝角类效果较好，但水中藻类密度不宜过高，一般小球藻密度控制在200万个/毫升左右，而栅藻控制在45万个/毫升左右，密度过高反而不利于枝角类摄食。利用酵母培养枝角类时，应保证酵母质量，投喂量以当天吃完为宜，酵母过量极易腐败水质。此外酵母培养的枝角类，其营养成分中缺乏不饱和脂肪酸，最好在捞取前用绿藻进行二次强化培育，以确保饵料营养全面。

②用肥土培养。培养器具主要有鱼盆、花盆及玻璃缸。先在盆底铺一层厚6～7厘米的肥土，注入自来水约八成满，再把培养盆放在温度适宜且有光照的地方，使细菌、藻类大量滋生繁殖，然后引入枝角类2～3克作为种源，经数日即可繁殖后代。当水温为16～19℃时，经5～6天即可捞取枝角类10～15克；当水温低于15℃时，繁殖极慢。当培养液肥力下降时，可追施豆浆、淘米水、尿肥等。

③用粪肥加稻草培养。以玻璃缸、鱼盆等作为培养器皿，在室内进行培养。将清水注入培养缸内，每升水加牛粪 15 克、稻草及其他无毒植物茎叶 2 克、肥沃土壤 20 克，粪土直接加入，稻草则需先切碎，加水煮沸，冷却后再放入。肥料加入后搅拌均匀，静置两天后即可引种，每升水接种 10～20 个枝角类，以后每隔 5～6 天施追肥 1 次，追肥比例同上，宜先用水浸泡，然后取其肥液追施，数天后枝角类就开始繁殖，随取随用，效果较好。

④用堆肥培养。可在土池或水泥池培养，池面积一般大于 10 米^2，深度 1 米左右，注水 70～80 厘米，加入预先用青草、人畜粪堆积并充分发酵的腐熟肥料，每亩水面施肥 500 千克，并加生石灰 70 千克，以利于菌类和单细胞藻类大量滋生繁殖。7～10 天后，每立方米水体接种枝角类 20～40 克，接种后每隔 2～3 天追肥 1 次，经 5～10 天培养，即可捕捞。捞取枝角类成虫后应及时加注新水，同时再追肥 1 次，如此继续培养、陆续捕捞。只要水中溶氧充足，pH5～8，有机耗氧量在 20 毫克/升左右，水温适宜，枝角类的繁殖很快，产量很高。

24. 泥鳅喜欢吃摇蚊幼虫吗?

摇蚊幼虫的形态与普通蚊子相似，但翅无鳞片，足也较大，静止时前足一般向前伸长，并不停地摇动，故名摇蚊。它是公认最优良的热带鱼活饲料，当然也是泥鳅养殖中最受欢迎的饵料之一，是泥鳅在仔鱼、稚鱼、幼鱼期内均喜食的动物性饵料。

25. 如何培养摇蚊幼虫?

自然采捕摇蚊幼虫，生产力低，消耗人工多，筛选复杂，很难形成规模生产。因此养殖户开始转向人工养殖，养殖方法有以下几种。

①造田育虫。造田的步骤为：干田、晒田、撒石灰、堆肥、灌水、放虫种。摇蚊幼虫的成虫是"蚊虫"，不吃东西，但幼虫要从水中及软泥中吸收营养，如果在繁殖的水田放进充足的有机肥料，最有效的有机肥为鸡粪，用鸡粪培养出来的摇蚊幼虫特别鲜红幼嫩、生命力强。水深 20～30 厘米，每亩每月平均收成量为 200 千克。

每块虫田生产若干个周期后，就要清田 1 次，因为水质太肥滋生各种小生物，与摇蚊幼虫争夺营养，甚至以摇蚊幼虫作食物，令生产大减，于是唯有放水清田，杀虫消毒，从头做起。

②静水培养。培养基底是固体物质由黏土、牛奶、植物碎叶组成或下水沟泥的沉淀物，培养基的上部是水基蒸馏水。用直径 90 毫米的培养皿盛装培养

基，把大于 3 毫米的摇蚊幼虫接种于器皿中培养，可一直培养到蛹化前采收。这种静水培养法操作简单，但由于得不到充足的氧气，培养基容易变质，产量远不如流水培养法。

③流水培养。在 33 厘米×37 厘米×7 厘米的塑料容器或直径为 45 厘米的圆盆底部放入厚度为 10 毫米的沙层，再在上面铺上黏土与牛奶培养基，从一端注入微流水，另一端排出，再用孵化 24 小时后的幼虫放入培养。培养基每 3 天添加 1 次。流水可以起到排污和增加氧气的目的，培养结果比静水培养好得多。

26. 蚯蚓能喂养泥鳅吗？

蚯蚓又称地龙、曲鳝，隶属于环节动物门寡毛纲后孔寡毛目，是一种在陆地上生活的无脊椎动物，也是一种富含蛋白质的高级动物性饲料，从营养价值看，蚯蚓代替进口鱼粉是完全有可能的，因此以蚯蚓作饲料是目前解决特种水产品养殖所需蛋白质饵料的一条有效途径。在养殖泥鳅的饲料中掺入鲜蚯蚓（一般掺入量为 5% 左右），其体液被配合饲料吸收，可提高饲料的适口性及饲料效率。用蚯蚓喂养泥鳅，泥鳅的产卵率高、成活率高、发病率低、生长速度快、肉质好。

27. 如何饲养蚯蚓？

①利用青饲料地、果园、桑园饲养。在行距间开挖浅沟并投入蚯蚓培育饲料，然后每平方米投放大平二号蚯蚓 2000 条左右。平时蚯蚓可食枯黄落叶。桑、果园饲养需经常注意浇水，防止蚯蚓体表干燥，同时也要防止蚯蚓成群逃跑。这种饲养方法成本低、效果显著，便于推广。

②利用杂地饲养蚯蚓。利用庭院空地、岸边、河沟的隙地及其他荒芜杂地，在四周挖好排水沟，并翻成 1 米宽左右的田块，定点放置发酵后的腐熟饵料，放入蚓种饲养，在较长时间内可以保证自繁自养。夏季搭凉棚或用带水草帘覆盖，防止泥土水分过度蒸发，亦可种植丝瓜、扁豆等藤叶茂盛的蔬菜，为蚯蚓遮阴避雨，同时注意及时喷水保湿和补充饵料。

③利用大田平地培养蚯蚓。在种植棉花、玉米、小麦和大豆等的农田中选择排水性能好、能防冻、无农药污染的田边或农作物预留行间，开挖宽和深均为 20 厘米的沟，放入厚 15~20 厘米基料和蚯蚓种，上面覆盖土或稻草。保持基料和土壤湿度 50% 左右，做到上面的料用手挤压时，手指缝间有水滴，底层有积水 1~2 厘米即可。夏天早晚各浇水 1 次；冬天 3~5 天浇水 1 次。饵料用杂草、树叶、塘泥搅和堆制发酵，也可用猪粪、牛粪堆制发酵，冬季要覆盖

塑料薄膜或垃圾、杂草,保温催化,15～20 天即可使用。

④采用多层式箱养蚯蚓。在室内架设多层床架,放置木箱。规格一般为 40 厘米×20 厘米×30 厘米或 60 厘米×30 厘米×30 厘米或 60 厘米×40 厘米×30 厘米,箱底和侧面要有排水孔,孔的直径为 1 厘米左右,排水孔除作为排水和通气以外,还可散热。内部可以再分 3～5 格,每格间铺设 4～5 厘米厚的饲料来饲养蚯蚓,每立方米可放日本大平 2 号蚯蚓 2500 条左右。在两行床架之间架设人行走道,室内温度在 20℃左右最适宜,湿度保持在 75% 左右,可以常年生产。需要注意的是,应防止鼠患及蚂蚁危害。

⑤用池槽、盆缽培养蚯蚓。用砖石砌成长方形饲养槽,大小因地制宜,饲养槽上面要搭简易棚顶,目的是保持温度、湿度。池槽可以批量生产蚯蚓,通常每平方米放幼蚯蚓 1500 条左右,平时注水浇水防敌害。也可用瓦盆、花盆等养殖蚯蚓,但投放量较小,形不成规模。

蚯蚓养殖以 4 个月为一个周期,成蚯蚓体重约为 0.4 克,一天的投饵量通常相当于它的体重。可以每天投喂也可以隔天投喂 1 次或数天投喂 1 次。

当蚯蚓养殖密度达一定规模,个体长到成蚓大小时,必须及时地采集。采集的原则是抓大留小、合理密度。

28. 水蚯蚓可以用来喂养泥鳅吗?

水蚯蚓属环节动物门寡毛纲近孔寡毛目颤蚓科水蚯蚓属,是最常见的底栖动物,也是淡水底栖动物群的重要组成部分。同时,水蚯蚓具有较高的营养价值,干物质中蛋白质含量高达 70% 以上,粗蛋白中氨基酸齐全,含量丰富,是泥鳅等各种鱼类的珍贵活饵料。

水蚯蚓天然资源丰富,排水口、排污口附近特别多。捞取水蚯蚓时,要带泥团一起挖回,用清水洗净后才能喂养鱼类。取出的水蚯蚓在保存期间,需每日换水 2～3 次,在春冬秋三季均可存活 1 周左右。在炎热的夏季,须将保存水蚯蚓的浅水器皿放在自来水龙头下用小股细流水不断冲洗,才能保存较长时间。

29. 如何人工培育水蚯蚓?

在适合水蚯蚓生活的生态环境挖坑建池,要求水源良好,最好有微流水,土质疏松、腐殖质丰富且避光,面积以 3～5 米² 为宜,最好是长 3～5 米,宽 1 米,水深 20～25 厘米,两边堤高 25 厘米,两端堤高 20 厘米。池底要求保水性能好或敷设三合土,池的一端设一排水口,另一端设一进水口。进水口设牢固的过滤网布,池边种丝瓜等攀缘植物以遮阳。池水应保持微细流水状态。

　　每平方米引入水蚯蚓 250～500 克为宜，引种 15～20 天后即有大量水蚯蚓密布土表，刚孵出的水蚯蚓，长约 6 毫米，像淡红色的丝线。

　　用发酵过的麸皮、米糠作饲料，每隔 3～4 天投喂 1 次，投喂时要将饲料充分稀释，均匀泼洒。投喂量以每平方米 60～100 克为宜。另外，每隔 1～2 个月每平方米增喂 1 次发酵的牛粪 2 千克。

　　通常在水蚯蚓引种 30 天左右即可收获。收获的方法是：在收获前一天晚上断水或减少水流，迫使培育池在翌日早晨或上午缺氧，此时水蚯蚓群集成团漂浮水面，就可用 20～40 目的聚乙烯网布做成的手抄网捞取，每次捞取量不宜过大，日收获量以每平方米 50～80 克为宜。

第九章　泥鳅的繁殖

1. 为什么要做好泥鳅的人工繁殖?

由于自然界中的泥鳅被过量捕捞,加上它们自然栖息场所的日益恶化,泥鳅的天然资源遭到严重破坏,自然产量大为减少,为了保证泥鳅的规模化养殖,做好泥鳅的人工繁殖就显得尤为重要。

2. 泥鳅繁殖与水温有什么关系?

自然条件下,泥鳅在二龄时性成熟,开始产卵。泥鳅为多次性产卵鱼类,4月上旬开始繁殖,5~6月是产卵盛期,繁殖的水温为18~30℃,最适水温为22~28℃,尤其是水温25℃左右时,产卵盛期会一直延续到9月。

3. 亲鳅的来源有哪几种途径?

亲鳅是泥鳅进行繁殖的基础,如何保证亲鳅的供应呢? 根据众多养殖户的生产经验,认为亲鳅的来源有3个途径。

第一个途径就是筛选出自己培育的已达性成熟的成鳅,进行专池培育。这种泥鳅在数量上和质量上能够得到保障,无传染病危险,怀卵量大,孵化率高,繁殖效果好。

第二个途径就是从水产部门或集贸市场上购买性成熟的泥鳅,选购时一定要了解它的捕捉途径,用网捕或冲水刺激上来的泥鳅才能用于繁殖,而用药捕、电捕等方法捕捞的不能用于泥鳅的繁殖。

第三个途径就是从自然界的沟塘、池沼、稻田、湖泊中捕捉的野生鳅,这类泥鳅没有经过驯化,野性比较强,有传染病风险,因此在繁殖前最好经过两个月左右的培育后再用来繁殖。它的优势是可以避免泥鳅的近亲繁殖。

4. 如何从体形上来鉴别亲鳅的雌雄?

同等年龄的泥鳅,雄鳅头尖,较小,前身与尾端一样粗细,尾尖上翘,背鳍末端两侧有肉质突起;雌鳅头椭圆,较大,前身粗而尾端细,尾端圆平,背鳍末端正常，无肉质突起，产过卵的雌鳅腹鳍上方体身还有白色斑点的产卵记号，未产卵的则没有（图9-1～9-2）。

图 9-1　泥鳅雄鳅

图 9-2　泥鳅雌鳅

5. 如何从胸鳍上来鉴别亲鳅的雌雄？

在泥鳅的生殖季节，雌雄之间有许多不同的特征，这就是通常所说的第二性征。雄鳅胸鳍较大，第二鳍条最长，前端尖形，尖部向上翘起，呈镰刀状，最外侧2～3根鳍条末端略向上翻，胸鳍上有追星；雌鳅胸鳍较小，前端圆钝呈扇形展开，末端圆滑，呈舌状（图9-3）。

6. 如何从腹部来鉴别亲鳅的雌雄？

雄鳅腹部不肥大且较扁平，雌鳅产卵前，腹部圆而肥大，且色泽变为略带透明黄的粉红色，这就是成熟的卵子在体腔里。

7. 如何从手感上来鉴别亲鳅的雌雄?

可以通过手摸成熟的泥鳅的胸鳍来鉴别亲鳅的雌雄,一般来说手摸上去有刺手的粗糙感,就是雄鳅,手摸上去光滑的就是雌鳅。

雌鳅

8. 选择亲鳅的标准是什么?

无论是哪种来源的亲鳅,都必须进行严格排选。亲鳅的选择很有讲究,必须达到一定的性成熟度才是最好的,它的主要选择标准如下。

雄鳅

图 9-3

一是年龄在 2～4 龄之间。

二是要求亲鳅体形端正、色泽正常、体质健壮、各鳍完整、无伤无病、动作敏捷。

三是个体大小的要求,1 冬龄的雌鳅已达性成熟,个体大的雌鳅怀卵量大、雄鳅精液多,繁殖的鳅苗质量好,生长快。因此雌鳅选择体长 10～15 厘米,体重 20～30 克以上,雄鳅可略小于雌鳅,一般选择体长 8～12 厘米,体重 10～15 克。

四是形态上的要求,成熟雌鳅的腹部肿胀膨大、柔软,富有弹性,腹部明显向外突出,将雌鳅腹部朝上,可看到明显的卵巢轮廓,隐约可见腹中卵粒,生殖孔圆形外翻,呈粉红色,如果用手轻压腹部就会有卵粒流出,未成熟的雌鳅腹部不肿胀,有比较明显的腹中线,有一凹槽;成熟雄鳅的生殖孔狭长凹陷,呈暗红色,轻压腹部有乳白色精液流出。

五是亲鳅的性比搭配,要求选择的亲鳅能满足正常的繁殖需要,雌雄配比达到 1∶3 则最佳。

9. 如何准备亲鳅培育池?

每年 4 月底水温达到 18℃时,就可以开始泥鳅的繁育准备工作了。首先是培育池的准备。

亲鳅培育用长方形水泥池,土池也可以,要求水源充沛,水质清新无污染,进排水方便,面积 30～50 米^2,水深 1 米左右,池底铺 20 厘米厚黏土。进排水口分设池两端并安装防逃网或用拦鱼网罩拦好,以防泥鳅逃逸。放养前 15 天要进行清塘消毒,每平方米施生石灰 100～200 克,全池泼洒。

10. 如何放养亲鳅？

亲鳅放养密度不宜过大，以每平方米放 10～20 尾为好，雌雄比例 1：(2～3)。放养前用 5% 左右的盐水对亲鳅进行消毒处理，然后放入池塘中培育。

11. 亲鳅的培育要点是什么？

①水草投放。提前在培育池中栽培一些柔韧性较好的水草，这些水草可以为亲鳅诱来活饵料、为亲鳅提供卵子的附着场所，水草的光合作用可以为亲鳅生长发育提供充足的溶解氧，还可以为亲鳅的嬉戏及调情提供场所。池中还可常投一些较高大的水草或旱草，以利遮阳、避光、肥水，增加水中的腐殖质。

②加强投喂。培育亲鳅时一定要加强动植物饲料的投喂，尤其是要多投动物性饲料，注意营养全面、平衡。常用的动物性饲料有水蚤、蚯蚓、蚕蛹、鱼粉等，常用的植物性饲料有米糠、麦麸、豆饼、花生饼、玉米粉、豆渣、酒糟等。每天的投饵量依天气、水温和水质的变化而不同，为了使泥鳅摄食均匀，最好每天上午 9 时和下午 3 时投饵 2～3 次，每次投饵量以 1 小时吃完为度，池中设饲料盘，饵料放置盘上，沉入水底，任泥鳅自由采食。投饵量一般为泥鳅总体重的 5% 左右，要及时将饲料盘中的残饵清除。3 月下旬以后，要进行亲鱼的强化培育，多加些含蛋白质较多的物质，如鱼粉、碎鱼虾、动物内脏及下脚料等，以促使亲鱼的性腺发育。

③水质管理。在强化培育期更要注意水质，培育池要经常冲换新水，保持水质良好，以利于性腺发育成熟。

12. 亲鳅繁殖前产卵池要做好哪些准备工作？

泥鳅繁殖前的准备工作很重要，养殖户必须为泥鳅繁殖提供适宜的环境条件，为产卵孵化做好各项准备工作，以保证泥鳅顺利产卵和孵化，提高鳅苗的成活率。

产卵池可因地制宜，既可采用专门的产卵池，也可以选择一些较小的稻田、池塘、水凼、沟渠，水深保持在 15～20 厘米，作为产卵场所。水体较大的地方，还可以用网片或竹篱笆围成 3～10 米^2 的水面供泥鳅产卵。如果产卵池能保持微流水则更佳。另外，水泥池、大塑料盒、塑料桶、水缸或其他容器均能作为产卵设施。大型养殖场产卵池可选择圆形环道结构形式，直径在 3～4 米不等，底部有多个与环道平行的纵向出水孔，中心上半部设置 60 目筛绢的出水过滤网，池深 1 米左右。各种产卵场所使用前都要消毒，具体方法是水位控制在水深 15 厘米左右用生石灰带水消毒，每立方米水体施 15～20 克。也可以用漂白粉带水消毒，每立方米水体施 4 克药。

13. 泥鳅繁殖时要准备哪些药物？

对人工繁殖时需用的如脑垂体、绒毛膜促性腺激素、促黄体素释放激素类似物等，应备足，并留有余地。对防治鱼病、消毒净化水质的硫酸铜、硫酸亚铁、溴氰菊酯、青霉素等，要注意这些药物的有效期。

14. 亲鳅繁殖用的鱼巢有什么要求？

对鱼巢的要求一是不易腐败，不能含有毒和有害成分，以免影响胚胎正常发育；二是质地要柔软、能漂浮在水中，以方便鱼卵附着；三是选用的材料要分枝多、纤维细密、柔和蓬松。常用作泥鳅鱼巢的材料有冬青树嫩根、棕榈树皮、杨柳树须根、金鱼藻之类的水草，以及一些陆生草类（如稻草）等。近年来，也有用柔软的绿色尼龙编织带，织成宽 5 厘米、长 80 厘米的人工鱼巢。

15. 如何用棕榈树皮制备鱼巢？

先将棕榈树皮用清水洗净表面上的污泥杂物，然后放进大锅蒸或煮 1 小时左右，除掉棕榈皮内部所含对鱼卵有害的单宁等物质，晒干后备用。在制作时，先用小锤轻轻地将棕榈皮锤打片刻，然后多扯动几次，让它充分松软，目的是增加卵的附着面积。最后把这些棕榈皮用细绳穿起成串，4～5 张棕榈皮为一束捆扎成伞状，要注意不能将几张棕榈皮皱缩在一起，这样会减小附着的有效面积。为预防孵化时发生水霉病，可将棕榈皮扎成的鱼巢，放在 0.3% 甲醛溶液中浸泡 20 分钟或用 2% 浓度的食盐水浸泡 20～40 分钟，也可用高锰酸钾，每立方米水体 20 克药化水浸泡 20 分钟左右，取出后，晒干待用。用棕榈皮所制成的鱼巢，只要妥善保管，可使用多年。第二年再用时，仅洗净、晒干即可，在当年使用结束后要及时用清水洗净，不要留下鱼腥味，以防止蚂蚁和老鼠破坏。

16. 如何用杨柳树须根制备鱼巢？

基本上与棕榈皮制备鱼巢一样。只是要将杨柳树须根的前端硬质部分敲烂，拉出纤维使用，树根的大小要搭配得当，为了方便取卵，可用细绳将树根捆扎成束，再固定在一根竹竿上，插入池中即可。冬青树嫩根的制备方法与之极为相似，制备完成后用漂白粉消毒，每立方米水体用 4 克漂白粉化水浸泡 20～30 分钟。

17. 如何用稻草制备鱼巢？

先将稻草晒干，然后用干净的水浸泡 8 小时左右，稍晾干至不滴水为宜，然后用小木槌轻轻锤打松软，经过整理再扎成小束，每束以手抓一把为宜，最后固定在竹竿上，插入水中即可。

18. 如何用水草制备鱼巢？

首先是要选好水草，水草的茎叶要发达，放在水中能够快速散开，形成一大片伞状的鱼巢；其次是水草要无毒；三是水草的茎要有一定的长度和韧性。根据生产实践，常用的水草有菹草、马来眼子菜、鱼腥草等。水草采集后，用 20 毫克/升的高锰酸钾浸洗消毒 5 分钟，以杀死水草中可能附着的敌害生物的卵或其他病原体，然后捆扎成束或铺撒于水面即可。用水草制作的鱼巢，一般仅使用 1 次，若泥鳅孵出后水草尚未腐烂，可用来投喂草鱼、鲂鱼等。

19. 鱼巢的设置有什么讲究？

用于泥鳅繁殖的鱼巢其设置是有讲究的。根据生产实践，鱼巢应布置在产卵池的背风处，为了方便下卵和观察，鱼巢以集中连片布置为好。鱼巢的设置方法主要有两种，一种是悬吊式，另一种是平铺式。若大批泥鳅产卵，鱼巢上布满了卵粒时，应立即将其取出，同时另挂新鱼巢。

20. 泥鳅自然繁殖如何进行？

泥鳅自然繁殖比较简便，在每年开春后的 3 月份，先按要求修整好亲鳅繁殖池，再按消毒要求用生石灰或漂白粉或茶枯对繁殖池进行消毒，消毒 3 天后注入新水。一般 7 天左右，池水的药性基本消失，这时将雌雄亲鳅按雌雄比 1：2 的比例放入池中，每平方米水面放 200 克左右，此时要加强投喂，并不时地冲换水进行性腺刺激。当池水温度上升到 20℃左右时，培育好的亲鳅可能就会排卵，这时要在池中放置已经处理好的鱼巢，鱼巢放置后要经常检查并清洗附在其上的污泥沉积物，以免影响卵粒的黏附效果。

泥鳅喜欢在雷雨天或水温突然上升的天气产卵。产卵前雄鳅在雌鳅的后面紧紧追逐，而且追逐得越来越激烈，可见到泥鳅在产卵池里上下翻滚，然后雄鳅会用身体缠绕雌鳅的前腹部位，完成产卵及受精过程。大多数泥鳅的自然产卵都是在清晨 5 时左右开始，群体交配行为会一直持续到上午 10 时左右，每个个体的产卵过程需 20～30 分钟。为了防止亲鱼吞吃卵粒，要及时取出粘满卵粒的鱼巢另池孵化，同时补放新鱼巢，让未产卵的亲鱼继续产卵。产卵池要防止蛇、蛙、鼠等危害（图9-4）。

21. 泥鳅人工催产如何操作?

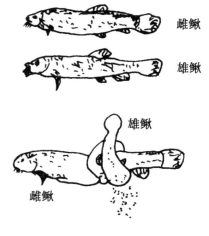

图9-4

选择成熟度较好的雌雄泥鳅进行人工催产。催产在水泥池中进行，水池面积5米²，池深0.8米，注入水深0.3米，水为经暴晒的机井水，水温控制在23～25℃。产卵池中设置鱼巢，用竹竿将鱼巢固定在产卵池的中央。

泥鳅的人工催产需要催情剂，主要有鲤、鲫脑垂体（PG），绒毛膜促性腺激素（HCG），地欧酮（DOM），促黄体素释放激素类似物（LRH-A）等几种。

催情剂的注射方法可分为胸鳍基部体腔注射和背部肌肉注射两种，多采用体腔注射，在胸鳍基部无鳞的凹入部，将针头朝鱼的头部方向与体轴成45°角，刺入体腔深度0.2～0.3厘米，溶剂注射量为0.1～1.2毫升，一般采用1毫升的注射器和4号针头注射，将液体缓缓注入。因泥鳅喜钻动，注射时可用湿纱布将其包着，只露出注射部位，以方便注射。注射时间一般选择在晚上7～8时。若单用脑垂体，则雌鱼注射量为14～16毫克/千克；如果用绒毛膜促性腺激素每尾雌鳅每克体重用20～40国际单位；如果用的是促黄体素释放激素类似物，则雌鳅用量为5～10微克/千克。雄鱼注射剂量为雌鱼上述剂量的一半。

22. 如何鉴别成熟度好的雄鳅?

随机捕获几尾雄鳅，解剖后，取出它的精巢，正常的精巢是白色长带形，如果发现精巢呈串状或者游离状，说明精巢发育良好，可以用来繁殖了；如果发现精巢是呈薄带状的，说明不成熟的精子比较多，雄鳅需要进一步精心培育后方可用于以后的繁殖。

至于那些能挤出精液的雄泥鳅的鉴别则比较容易，成熟度好的雄泥鳅腹部扁平、不膨大，轻轻挤压会有乳白色精液从生殖孔流出，精液入水后能散开，用显微镜观察可见精子十分活跃。

23. 如何判断雌鳅卵的成熟度?

正确鉴别亲鳅的成熟度，对于及时人工繁殖，取得较高的孵化率具有重要意义。成熟度好、怀卵量大的雌泥鳅腹部略带透亮的粉红色或黄色，膨大、柔软而饱满，生殖孔微红且开放。在生产实践中，我们通常是这样做的：随机捕获一两尾亲鳅解剖，取出它的卵巢，这时可见卵巢内有卵粒存在。鳅卵的成熟度分期如下。

①成熟卵。轻轻挤压雌泥鳅的腹部，卵马上排出，呈米黄色、半透明、有黏着力，而且卵粒几乎游离在腹部的体腔中，说明鳅卵已经成熟，可以随时产卵。

②不成熟卵。需要强压雌鳅的腹部才能排出卵，卵呈白色、不透明、无黏着力，卵粒较小且紧紧包裹在卵腔中，这说明卵粒还没有成熟，需要进一步精心培育后方可用于繁殖。

③初期过熟卵。呈米黄色、半透明，有黏着力，但受精1小时内慢慢变成白色。

④中期过熟卵。呈米黄色、半透明，但动物极、植物极颜色白浊。

⑤后期过熟卵。极部物质变为黄色液体，原生质变白。鳅卵不成熟或过度成熟都会使人工繁殖失败，接近成熟阶段可用人工催熟。

24. 亲鳅的怀卵量有多大?

总的来说，泥鳅的绝对怀卵量还是比较大的，当然，泥鳅的怀卵量与泥鳅的个体大小、培育水平、饵料的优劣等有重大相关，在正常人工培育的条件下，绝对怀卵量与个体大小有明显的关系，甚至相差非常大，少的仅几百粒，多的达十几万粒。有专家对此进行研究，发现体长不超过10厘米的小亲鳅，它的绝对怀卵量6000~8000粒/尾；体长12~15厘米的亲鳅，它的绝对怀卵量10000~12000粒/尾；体长15~20厘米的亲鳅，它的绝对怀卵量15000~20000粒/尾；体长30厘米的亲鳅，它的绝对怀卵量约30000粒/尾，甚至能达到40000粒/尾。

25. 泥鳅人工授精如何操作?

泥鳅人工授精的受精率较高，在缺少雄鱼时，使用此法较好，但须把握适宜的受精时间，否则会降低受精率。泥鳅人工授精一般采用干法授精，干法授精要保持"三干"，即容器干、鱼体干、手干。将已注射催产剂的雌雄泥鳅分别暂养于挂有鱼巢的孵化池或网箱中，在水温20~25℃时，注射药物后12小时可发情，这时可进行人工采卵受精。轻压雌鳅腹部有卵粒流出，将卵子挤入器皿中，再将雄鱼的精液挤出，并用羽毛轻轻搅拌，使精卵充分混合，然后加入少量清水，同时加入0.6%~0.7%的生理盐水，再将受精卵轻洒在鱼巢上，上巢后再转到孵化池孵化。

26. 受精卵的孵化方式有几种?

泥鳅在繁殖过程中,受精卵的孵化很重要,孵化可在室内或室外进行,有静水孵化和流水孵化。设备有孵化池、孵化网箱(可用集卵网箱)、孵化缸、孵化桶、孵化环道等,或就在产卵池内孵化。

27. 静水池塘孵化鳅苗应如何操作?

将附有卵粒的鱼巢放在池中,密度要适宜。如果是静水池塘,需要充气,要勤换水,每天换水2次,温差不超过1～2℃,以保证孵化所需的充足的溶氧。充气量大小与卵质密度有关,如鱼巢放置密度较稀,卵质好,则充气量小;反之,充气量要大。孵化放卵密度为每平方米400粒左右。孵化池上方要遮蔽阳光(图9-5),以防鱼苗发生畸形。在水温25℃左右时,约30小时仔鱼孵化出膜。由于孵化时间较长,巢及卵上经常会沉附污泥,应经常轻晃清洗,孵化期间要保持水质清洁,透明度较大,含氧量高,肥水和混浊的水对孵化不利。要注意防止受精卵挤压在一块,若发现受精卵相互挤压,要用搅水的方法或用吸管使之分离开来,以避免因缺氧而影响孵化率。孵化期间每天早晨要巡塘,若发现池中有蛙卵,应随时捞出。经精心管理,孵化率一般可达80%左右。仔鱼出膜3天后,需立即清洗鱼巢,将仔鱼移入水质良好的池中暂养。仔鱼暂养时要投喂熟蛋黄,每10万尾鱼苗投喂1个蛋黄,上午、下午各投1次,蛋黄先用手捏碎经120目筛绢过滤后再投喂,第二天投喂前要清除残渣,并加

图9-5 静水孵化

入新水再投喂。仔鱼高密度暂养的时间一般为 5 天，以后可转入池塘中饲养。

28. 孵化缸孵化鳅苗应如何操作?

孵化缸孵化方式因其具有结构简单、造价低、管理方便、孵化率较稳定等优点，较为普遍地被选用。

孵化缸由进出水管、缸体、滤水网罩等组成。缸体可用容量为 250～500 升的普通水缸改制，或用白铁皮、钢筋水泥、塑料等材料制成。用普通水缸改造较经济，因此被广泛采用。按缸内水流的状态，孵化缸分抛缸（喷水式）和转缸（环流式）两种。抛缸，只要把原水缸的底部用混凝土浇制成漏斗形，并在缸底中心接上短的进水管，紧贴缸口边缘，上装 16～20 目的尼龙筛绢制成的滤水网罩即成。水从进水管入缸，缸中水即呈喷泉状上翻，水经滤水网罩流出。鱼卵能在水流中充分翻滚，均匀分布。如能在网罩外围做一个溢水槽，槽的一端连接出水管，就能集中排走缸口溢水。放卵密度为每立方水体 200 万～250 万粒，日常管理和出苗操作皆方便。转缸，在缸底装 4～6 根与缸壁成一定角度、各管成同一方向的进水管，管口装有用白铁皮制成的、形似鸭嘴的喷嘴，使水在缸内环流回转。由于水是旋转的，排水管安装在缸底中心，并伸入水层中，顶部同样装有滤水网罩，滤出的水随管排出，放卵密度为每立方 150 万～200 万粒。

第十章　泥鳅苗种的培育

1. 泥鳅的苗种有区别吗?

泥鳅的苗种是指鳅苗和鳅种两个概念。鳅苗培育是指将泥鳅 5～6 毫米的水花(图 10-1),经过 20 天左右的饲养,培育到体长 2～3 厘米,供培育鱼种用;而鳅种培育是指将经过培育的体长达 2～3 厘米的泥鳅培养成 5～6 厘米,

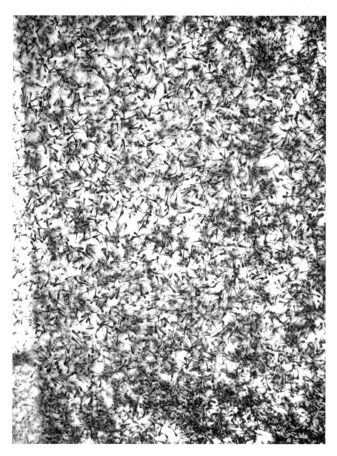

图 10-1　泥鳅水花苗

供成鳅放养用。

2. 泥鳅苗种培育有什么重要意义？

利用专门的培育池对泥鳅进行苗种培育，其目的是为了提高苗种的成活率，为成鳅的养殖提供更多更好的符合要求的苗种。

很多泥鳅养殖者都有这样的经验，无论是购买的野生鳅苗种还是人工繁殖的鳅苗种，在放养的一周内有时会发生大批死亡的现象，导致养殖户遭受重大损失。这些苗种的死亡很有规律，就是较小和较大的苗种比较容易死亡，而处于中间的那些苗种则活得好好的，具体是体长 1.5～2.5 厘米的小鳅苗死亡较少；体长 3～5 厘米的中等鳅种，放养后几乎没有死亡，显示出强大的生命力；体长 8 厘米的大鳅种，放养后也会有部分死亡，尤其是放养操作不当时，死亡会更多。

专家分析认为，这种死亡与泥鳅苗种特有的习性相关，这也就是为什么要进行苗种培育的重要原因。对于体长 1.5～2.5 厘米的小鳅苗，由于它们刚完成体形结构的变态发育，卵黄囊消失后，它们的营养要由外来的食物进行补充，也就是说小泥鳅进入了食性的转变阶段，这时它们对外界环境的适应能力还比较差，摄食能力也比较差，如果这时候出塘放养，一方面不能充分捕食水体中的营养，同时也不能有效地抵御敌害生物的侵袭，容易引起大量死亡；体长 3～5 厘米的中等规格鳅种，对外界环境的适应能力已明显加强，已能适应人工饲料，这种规格的鳅种已具钻泥习性，但钻泥不深，这时出塘放养比较理想。体长 8 厘米的大鳅种，对外界的适应能力很强，但是活动能力也很强，受惊吓后会钻入较深的泥土层，给起捕出塘造成困难，且捕捞过程中极易受伤，受伤后又易感染细菌而生病死亡。因此，苗种 3～5 厘米放养效果最好，成活率高。

3. 苗种培育场地如何选择？

苗种培育场所应选择在水源充足，排水方便，能自灌自排，水质清新良好、无污染，避风向阳，阳光充足，环境安静，交通便利，供电正常的地方，池底土以黏土带腐殖质为最好，不宜使用沙质底。

4. 泥鳅苗培育池有几种？

最好采用专用泥鳅苗培育池，也可采用稻田或池塘里开挖的鱼沟、鱼溜，或利用孵化池、孵化槽、产卵池及家鱼苗种池进行鳅苗培育。专用的鳅池培育池可以是水泥池，也可以是土池。实践证明，土池培育比水泥池好，水泥池铺土培育比不铺土的好。因为底层土壤中有利于加速水体的物质循环，使各种营养物质得到充分利用，有利于底栖生物的生长繁殖。

5. 对水泥培育池有什么要求？

为管理方便，鳅苗培育可选用水泥池，按设计先挖好土池，然后将土池四周池壁用水泥板或砖砌水泥抹面，就成了一个培养鳅苗的水泥池。池深 80～120 厘米，水位线以下 40～60 厘米，面积 50～100 米^2 为宜。池底用水泥抹平或石渣夯实，铺上 20 厘米厚的用等量猪粪和淤泥拌匀后堆放发酵而成的腐殖土，或 10～15 厘米厚的黏土层。在排水口附近挖 1 米^2 左右、深 20 厘米的集水坑，以便于捕捞。池中投放浮萍，覆盖面积约占总面积的 1/4。

6. 对简易土池有什么要求？

池塘挖成后应把池壁和池底夯实，以防渗漏及泥鳅钻洞逃逸，池塘面积 200～500 米^2，不宜超过 1000 米^2，池塘四周高出地面 30 厘米，池埂坡度 60°～70°，池深 60～90 厘米。进排水口用三合土或水泥建成，池底铺 30 厘米左右厚的塘泥，培肥水质。池底最好开 50 厘米宽、200 厘米长、30 厘米深的浅沟若干，供泥鳅栖息、避暑防寒和捕捞之用。池中投放浮萍，覆盖面积约占总面积的 1/4。土池的四周可用 50 厘米×50 厘米水泥板做护坡。

7. 培育池需要建设哪些防逃设施？

培育池四周布置铁丝网、塑板、瓷板或尼龙网，进排水口用 120 目网布包裹，以防止泥鳅逃跑及蛇、鼠等敌害生物和野杂鱼卵、苗种进入池塘。

8. 如何设置培育池的进排水设施？

培育池的进排水口呈对角线设置，进水口高出水面 20 厘米，排水口设在鱼溜底部，并用 PVC 管接上以高出水面 30 厘米，排水时可通过调节 PVC 管高度任意调节水位，进排水口要筑防逃设施。

9. 鱼溜如何建设？

为方便捕捞，池中应设置与排水底口相连的鱼溜，面积约为池底面积的 5%，深度比池底深 30～50 厘米，鱼溜四壁用木板围住或用水泥砖石砌成。

10. 放养前为什么要进行清塘处理？

不论是水泥池还是土池，放养鱼苗前都要进行清塘处理，以杀灭潜伏的细菌性病原体、寄生虫，以及对鱼不利的青泥苔、水草、水生昆虫、蝌蚪等水生生物，减少鱼苗病虫害发生和被敌害生物伤害。

11. 水泥培育池应如何清池？

先注入少量水，用毛刷带水洗刷全池各处，再用清水冲洗干净后，注入新水，用 10 毫克/升漂白粉溶液或 10 毫克/升高锰酸钾溶液泼洒全池，浸泡 5～7 天后即可放鱼使用。新建的水泥池还必须先用硫代硫酸钠进行"脱碱"，经 15 天后试水确认无毒时才能放养鱼苗。

12. 土池应如何清塘？

土池清塘前必须先修整，在鳅苗放养前半个月，翻耕并清除过多淤泥，池底推平，夯实堤壁，修补裂缝，察洞堵漏，随后暴晒 1 周。清塘在放养前 7～10 天进行。按 60～75 千克/亩生石灰分放入小坑中，注水溶化成石灰浆水，将其均匀泼洒全池，再将石灰浆水与泥浆搅匀混合，以增强效果，次日注入新水，7～10 天后即可放养。用生石灰清塘，可清除病原菌和敌害，减少疾病，还有澄清池水，增加池底通气条件，稳定水中酸碱度和改良土壤的作用。

生石灰、漂白粉交替清塘（每亩用生石灰 75 千克或漂白粉 6～7 千克）比单独使用漂白粉或生石灰清塘效果好。

13. 如何培肥培育池水质？

清塘一个星期后注入新水，注入的新水要过滤，注水至 30 厘米深时施基肥来培养饵料生物，每 10 米^3 水体施入发酵鸡粪 3 千克或猪、牛、人粪 5 千克，也可以每立方米水体施入氮肥 7 克、磷肥 1 克。

投放前必须先用鳅苗试水，证实池水毒性完全消失，透明度 15～20 厘米，水色变绿变浓后才能投放鳅苗。

14. 如何判别鳅苗的质量？

鳅苗最好来源于国家级、省级良种场或专业性鱼类繁育场。外购鳅苗应检疫合格。鳅苗质量的优劣可以从以下几方面来判别。

一是了解该批苗繁殖中的受精率、孵化率。一般受精率、孵化率高的，鳅苗体质较好，受精率、孵化率较低的，鳅苗的体质也就弱一点，培育时的死亡率也会高一点。

二是从鳅苗的体色与体型上来看，好的鳅苗体色鲜嫩，体形匀称、肥满，大小一致，游动活泼有精神，而体质较弱的鳅苗体色暗淡、体型较小、嘴尖、瘦弱，活动无力，常常靠边游动。

三是人为检查，在孵化池中取少量鳅苗，放在白瓷盆中，盆中注入孵化池里的水约 2 厘米，用嘴轻轻地吹动水面，观察鳅苗的游动情况，那些奋力顶风、逆水游动的，沥去水后在盆底剧烈挣扎、头尾弯曲厉害的，它们的活力强，是优质苗；随水波被吹至盆边盆底，挣扎力度弱或仅以头、尾略扭动的则是劣质鳅苗。

15. 放苗前需要如何处理？

鳅苗孵化出来后不能立即下塘。鳅苗出膜第二天便开口进食，饲养 3～5 天，体长 7 毫米左右，此时卵黄囊消失了，它们必须靠外源性营养，且能自由平泳，此时可下池进入苗种培育阶段。鳅苗放养前，须先在同池网箱中内暂养半天，并喂 1～2 只蛋黄浆。鳅苗放入网箱时，温差不超过 3℃，并且须在网箱的上风头轻轻放入。经过暂养的鳅苗方可放入池塘（图 10-2）。

图 10-2　适宜养殖的优质苗种

16. 何时放苗为宜?

每年 5 月泥鳅苗下塘,放苗时间为上午 8～9 时或下午 4～5 时,避免中午放苗。同一池应放同一批相同规格的鳅苗,以防大鳅吃小鳅,确保苗种均衡生长和提高成活率。

若泥鳅苗种是用尼龙袋充氧运输的,则应在放苗下塘前作"缓苗"处理,将充氧尼龙袋置于池内 20 分钟,待充氧尼龙袋内外水温一致时,再把苗种缓缓放出。

17. 鳅苗放养量多少比较适合?

比较适宜的鳅苗放养密度为在水深 30 厘米的静水池每平方米放养 750～1000 尾。有半流水条件的(如孵化池、孵化槽等)每平方米可放养 1500～2000 尾。

18. 如何用豆浆培育鳅苗?

在水温 25℃左右时,将黄豆浸泡 5～7 个小时后磨成浆。一般每 1.5 千克黄豆可磨成 25 千克的豆浆。豆浆磨好后应立即滤掉豆渣,及时泼洒。不可搁置太久,以防产生沉淀,影响效果。

鳅苗下塘的最初几天,鳅苗从内源性营养转换到外源性营养的过程中能否及时摄食到适口的饵料是决定鳅苗成活率的关键。豆浆可以直接被鳅苗摄食,但其大部分沉于池底作为肥料培养浮游动物。因此,豆浆最好是采取少量多次均匀泼洒的方法,泼洒时要求池面每个角落都要泼到,以保证鳅苗吃食均匀。一般每天泼洒 2～3 次,泼浆时间为上午 8～9 时、下午 4～5 时各 1 次,每次每亩用黄豆 3～4 千克,5 天后增至 5 千克。10 天后鳅苗的投喂量视池塘水质情况适当增加。

豆浆培育鳅苗方法简单,水质肥而稳定,夏花苗体质强壮,但消耗黄豆较多。一般育成一万尾全长 30 毫米左右的夏花苗,需消耗黄豆 7～8 千克。

豆浆培育的池水中浮游动物少,鳅苗生长不快。所以应在鳅苗下塘前 5～6 天施基肥,以弥补豆浆培育的不足,提高鳅苗培育效果。

19. 如何用粪肥培育鳅苗?

用于培育鳅苗的各种粪肥最好预先经过发酵,滤去渣滓。这样既可使肥效快速、稳定,又能减少疾病的发生。

鳅苗下塘后应每天施肥 1 次,每亩 50～100 千克,将粪肥对水向池中均匀泼洒。培育期间的施肥量和间隔时间必须视水质、天气和鳅苗浮头情况灵活掌握。培育鳅苗的池塘，水色以褐绿和油绿为好，肥而带爽为宜，如水质过浓或鳅苗浮头时间长，则应适当减少施肥量，并及时注水。如水质变黑或天气不正常时应特别注意，除及时注水外还应注意观察，防止泛池事故。

20. 如何用有机肥料和豆浆混合培育鳅苗？

这是一种使粪肥或大草和豆浆相结合的混合培育方法，其关键技术如下。

①鳅苗下塘前5～7天，每亩施有机肥250～300千克，培育浮游生物。

②鳅苗下塘后每天每亩泼洒2～3千克豆浆，下塘10天后鳅苗长大需增投豆饼糊或其他精饲料。豆浆的泼洒量亦需相应增加。

③一般每3～5天追施有机肥160～180千克。

此种方法确保鳅苗下塘后既有适口的天然饵料，又有辅助投喂的人工饲料，使鳅苗一直处于快速生长状态。

21. 如何给下塘后的鳅苗投喂饲料？

除了用大豆、粪肥等培养天然饵料或直接投喂鳅苗外，还必须对下塘后的鳅苗进行科学的投喂。

刚下池的鳅苗，对饲料有较强的选择性，因而需培育轮虫、小型浮游植物等适口饵料，用50目标准筛筛过后，沿池边投喂，并适当投喂熟蛋黄水、鱼粉、奶粉、豆饼等精饲料，每天3～4次，每次每万尾投喂1/4个蛋黄。10天后鳅苗体长达到1厘米时，可摄食水中昆虫、昆虫幼体和有机物碎屑等食物，可用煮熟的糠、麸、玉米粉、麦粉、豆浆等植物性饲料，拌和剁碎的鱼、虾、螺、蚌肉等动物性饲料投喂，每天3～4次，也可继续肥水养殖。

当鳅苗养到1.5～2厘米时，它的呼吸由鳃呼吸逐步转为兼由肠呼吸，如果鳅苗吃食太饱，由于肠道充满食物，往往因呼吸不畅造成鳅苗大批死亡。因此要采取两段饲养法，前期采取肥水与投饵交叉的方法，后期则以肥水为主，适当投喂动物性饵料，以利其肠呼吸功能的形成。同时，在饲料中逐步增加配合饲料的比重，使之逐渐适应人工配合饲料。饲料应投放在离池底5厘米左右的食台上，切忌撒投。初期日投饲量为鳅苗总体重的2%～5%，后期为8%～10%，日喂2次，每次投饵要使鳅苗在1小时内吃完。泥鳅喜肥水，应及时追施肥料，可施鸡、鸭粪等有机肥，用编织袋装入浸于水中；也可追施化肥，水温较低时可施硝酸铵，水温较高时施尿素。

22. 培育鳅苗如何调节水质？

鳅苗下塘时，池水以 50 厘米深为宜。要不断地调节水质，保持泥鳅养殖池良好水质的重要措施之一是加注新水，鳅苗经过若干天饲养后，鳅体不断地长大，应每隔 5～7 天加注 1～2 次新水，每次加水 5 厘米左右，逐步提高池塘水位。

注水的数量和次数，应根据具体情况灵活掌握，喂食前或喂食后 2～3 小时加水，保持池水"肥、活、嫩、爽"，水色以黄绿色为佳，透明度 20～30 厘米。要注意的是，加水前要清除池埂内侧的杂草，每次加水时间不宜过长，以防鳅苗长时间戏水而消耗体力。

23. 如何控制水中的溶解氧？

增加池水的溶氧量，促进鳅苗生长发育，是鳅苗培育过程中水质管理的一项重要内容。这是因为鳅苗在孵化后的半个月里即开始行肠呼吸，水中溶量必须充足，这时如果水中溶氧不足，往往出现鳅苗因缺氧在一夜之间全部死亡。

判断和控制水体中的溶解氧，最可靠的方法就是观察鳅苗的活动情况。如果出现缺氧的情况，鳅苗会从水底慢慢地游到水面；如果溶氧充足，鳅苗大部分在池底，而不会出现在水的中层和池壁上。因此要根据泥鳅苗的状态，采取间歇式的加氧方式。这种方式虽然能控制好鳅苗所需要的溶解氧，可太费神费时。

使用延时控制器也可控制好溶解氧，它最大的好处就是设定好时间之后，可以让增氧机定时开、定时关。可以将冰箱上的延时控制器接入增氧机，从而控制增氧机的开关。延时控制器在一般家电维修或者卖电器的商店都有出售。

24. 鳅苗如何防暑？

鳅苗生长适宜水温为 22～28℃，33℃以上时死亡率急剧增加，水温达到 36℃时死亡率可达 70% 以上。培育鳅苗时已接近盛暑期，当水温太高时，应注入新水和停止投饵，同时池上应搭凉棚以遮阳。

25. 培育鳅苗还有哪些管理工作？

①加强巡塘。鳅苗培育期间，坚持每天早、中、晚各巡塘 1 次，观察泥鳅活动和水色变化情况，发现问题及时处理。第一次巡塘应在凌晨，如发现鳅苗群集在水池侧壁下部，并沿侧壁游到中上层（很少游到水面），这是池中缺氧的信号，应立即换水；午后的巡塘工作主要是查看鳅苗活动的情况、勤除池埂

杂草；傍晚查水质，并作记录。

②定期预防病害。做好饵料的科学投喂，要勤打扫、清洗饵料台，做好饲料台、工具等消毒工作，定期投喂预防鱼病的药物。

③防敌害。鳅苗天敌很多，如野杂鱼、蜻蜓幼虫、水蜈蚣、水蛇、水老鼠等，特别是蜻蜓幼虫危害最大。由于泥鳅繁殖季节与蜻蜓相同，在鳅苗池内不时可见到蜻蜓飞来点水（产卵），蜻蜓幼虫孵出后即大量取食鳅苗。防治方法主要依靠人工驱赶、捕捉。有条件的在水面搭网，既可达到阻止蜻蜓在水面产卵，又起遮阳降温作用。注水时应采用密网过滤，防止敌害进入池中。发现蛙及蛙卵要及时将其捞出，送到另外的水池或稻田里。

26. 鳅种培育的目的是什么？

当泥鳅苗经过一段时间的精心培育后，大部分长成 3 厘米左右的夏花鱼种，这时需要进行分养，进入鳅种的培育阶段。这样做的目的主要是可以避免鳅种密度过大和生长差异扩大，从而有利于鳅种的继续生长。

27. 如何准备鳅种培育池？

鳅种培育池的准备工作和鳅苗培育池基本上是一样的，要预先做好修整铺土清塘工作，并施基肥，做到肥水下塘。只是面积可以略大一点，水泥池面积最大不宜超过 200 米^2，土池面积最大不宜超过 1200 米^2，水深保持 40~50 厘米。为了捕捞方便，建议用水泥池进行培育。

培育池的清塘消毒不可忽视，一定要做好消毒工作，以杀灭病害。方法是在池中挖几个浅坑，每 100 米^2 用生石灰 10 千克，将生石灰倒入浅坑加水化开，趁热全池均匀泼洒。澄清一夜后，第二天用耙将塘泥与石灰耙匀，然后放水 70 厘米左右，等 1 周左右药性消失后就可以放养鳅种了。

28. 在鳅种培育过程中如何培肥水质？

鳅种培育应采用肥水培育的方法。在鳅种放养 1 周前，适量施入有机肥料用以培育水质，生产活饵料。待生石灰药力消失，放苗试水，1 天后无异常，且轮虫密度达 4~5 只/毫升时，即可放苗。

鳅种培育期间，也需要根据水色适当追肥，可采用腐熟有机肥兑水泼洒。也可在塘角沤制有机肥，使肥汁慢慢渗入水中。或用麻袋或饲料袋装上有机肥，浸于池中作为追肥，有机肥用量为 0.5 千克/米^2 左右。如池水太瘦，可用尿素追施（化肥应尽量控制使用），晴天上午 9~10 时施用，方法是少量多次，以保持水色黄绿适当肥度。

29. 对放养的夏花有什么要求？

放养的夏花规格要整齐、体质健壮、无病无畸形，体长 3 厘米以上。如果是外购的夏花鳅种应经检疫合格后方可入池。在放养时一定要注意，同一池中的鳅种，它们的规格要整齐一致。

30. 如何拉网检查培育的鳅种质量？

即使是自己培育的夏花鳅种，也要在放养前进行拉网检查，判断它的活力和质量。具体做法是，先用夏花渔网将泥鳅捕起集中到网箱中，再用泥鳅筛进行筛选。泥鳅筛长和宽均为 40 厘米，高 15 厘米，底部用硬木做栅条，四周以杉木板围成。栅条长 40 厘米、宽 1 厘米、高 2.5 厘米。也可用一定规格的网片做成，网片应选择柔软的材料。在操作时手脚要轻巧，避免伤苗。发觉鳅苗体质较差时，应立即放回强化饲养 2～3 天后再起捕。如果质量较好，活力很强，就可以准备放养。

31. 如何检验外来鳅种的质量？

如果是外购的鳅种，则更要进行质量检验。检验的方法有两种。第一种是将鳅种放在鱼桶或水盆中，加入本塘的水，然后用手掌在里面轻轻搅动水流，使盆里的水成漩涡状，这时如果绝大部分鳅种能在漩涡边缘溯水游动且动作敏捷的就是优质鳅种；如果绝大部分鳅种被卷入漩涡中央部位，随波逐流且游动无力的就是弱种或劣质鳅种，这样的鳅种不要购买。第二种是捞取少量待选购的鳅种，放在白瓷盆中（图 10-3），盆中仅仅放深 1 厘米左右的水，看鳅种在盆底的挣扎程度，如果扭动剧烈、头尾弯曲厉害，有时甚至能跳跃的为优质苗；如果它们贴在盆边或盆底，挣扎力度弱或仅以头、尾略扭动者为劣质苗，这样的鳅苗也不宜选购。

还有一点要注意的是如果供种厂家把你带到专门暂养鳅种的网箱现场，如果这里的网箱很多，那就说明这些鳅种在网箱中暂养时间太久了，它们会因营养供给不足而消瘦、体质下降，这种鳅种不宜作长途转运，也不宜购买。

32. 培育鳅种时的放养密度多少为宜？

基肥施放后 7 天即可放养。用土池培育鳅种时，一般夏花放养密度为每平方米 200～300 尾，还可少量放养滤食性鱼类，如鲢、鳙。用水泥池培育鳅种的，每平方米放养 500～800 尾，有流水条件的，放养密度可加倍。

图 10-3 鳅种检验

33. 如何准备鳅种培育的饲料?

除用施肥的方法增加天然饵料外,还应投喂人工饵料,如鱼粉、鱼浆、动物内脏、蚕蛹、猪血(粉)、孑孓幼虫等动物性饲料及谷物、米糠、大豆粉、麸皮、蔬菜、豆腐渣、酱油粕等植物性饲料,以满足鳅种生长所需要的营养和能量,促其健康生长。

在放养后的 10～15 天内开始撒喂粉状配合饲料,几天之后将粉状配合饲料调成糊状定点投喂。要逐步增加配合饲料的比重,使之完全过渡到适应人工配合饲料,配合饲料蛋白含量为 30%,动物性与植物性原料的比例为 7:3,用豆饼、菜饼、鱼粉(或蚕蛹粉)和血粉配成。水温升高到 25℃以上,饲料中动物性原料可提高到 80%。

34. 鳅种培育时投饲量有什么讲究?

日投饵量随水温高低而有变化。通常为在池泥鳅总体重的 3%～10%,最多不超过 10%。水温 20～25℃以下时,饲料的日投量为在池泥鳅体重的 2%～5%;水温 25～30℃时,日投量为在池泥鳅总体重的 5%～10%;水温 30℃以上或低于 12℃，则不喂或少喂。

35. 鳅种培育时如何科学投饲?

放养后实行"定质、定量、定时、定位"投喂制度，将饵料搅拌成软块状，投放在食台中，把食台沉到离池底 3～5 厘米处，切忌散投。每天上、下午各投 1 次，上午喂 30%，下午喂 70%。经常观察泥鳅吃食情况，以 1～2 小时内吃完为好。另外，还要根据天气变化情况及水质、水温、饲料性质、摄食情况酌情调整投喂量。

36. 培育鳅种还有哪些日常管理工作?

经常清除池边杂草，检查防逃设施有无损坏，发现漏洞及时抢修。每日观察泥鳅吃食情况及活动情况，发现鱼病及时治疗。定期测量池水透明度，通过加注新水或追肥调节，保持透明度 15～25 厘米。定期泼洒生石灰，使池水成 5～10 毫克/升的浓度。

第十一章 泥鳅的捕捞与运输

1. 为什么说泥鳅捕捞很重要？

捕捉泥鳅是泥鳅养殖的一项工作，由于泥鳅比其他鱼类更不容易捕捉，为了保证泥鳅在捕捞过程中不受损伤，也为了提高捕捞效率，必须采用好的方法对其进行捕捉，因此捕捞工作显得尤为重要。虽然捕捉的方法很多，但要根据实际情况采取合理有效的捕捉方法，方能取得好的效果。

2. 何时捕捞泥鳅较为适宜？

当泥鳅长到15～20克时，便可起捕上市。成鳅一般在10月开始捕捞，原则是捕大留小，宜早不宜晚，以防天气突变，成鳅钻入泥土中不易捕捞。在捕捞前经常测温，北方地区泥鳅的收捕温度应在15℃以上。

3. 如何用食饵诱捕泥鳅？

食饵诱捕泥鳅是常用且有效的捕鳅方法，根据诱饵或用具的不同，可将泥鳅的诱捕分为几类，各具特色，效果都很明显。

①袋装食饵诱捕泥鳅。把煮熟的猪、牛、羊骨头及炒米糠、麦麸、蚕蛹与腐殖土等混合，装入麻袋、地笼（图11-1）、小型网具或其他鱼笼中，袋上要开些孔，傍晚沉入池底，用其香味引来泥鳅进入，翌日太阳出来之前取出，一夜时间可捕捞大量泥鳅。实践表明，装食饵的麻袋等选择在下雨前沉入池底最好。在饵料的香味散失后，要重新装上饵料，经过多次捕捞约可捕到池中80%的泥鳅。

②盆装食饵诱捕泥鳅。将辣椒粉、米糠混合炒香后用泥浆拌和装进脸盆里，晚上将脸盆埋在塘里，第二天泥鳅就会钻满盆。也可以在盆内放上一些煮熟的猪、羊骨头，用布盖严后用绳子沿盆边扎紧系牢，在盖布中间开一个泥鳅粗细的小孔，傍晚时把盆子安放在池塘的泥中，盆口与塘底面平齐，泥鳅闻到香味后，便会顺孔钻入盆内。

③稻田中用食饵诱捕泥鳅。诱捕稻田中养的泥鳅可以用以下两种方式，一

图 11-1 捕抓泥鳅的好工具——地笼

是选择晴天的傍晚把稻田里的水慢慢放干，将炒米糠或蚕蛹装入麻袋或鱼笼内沉入深水坑处诱集泥鳅后再捕捞。二是用晒干的油菜秆浸没田侧沟道中，待油菜秆逸出甜质香味时，泥鳅闻味而聚，此时可围埂捕捞。

④用竹篓诱捕泥鳅。准备 1 只口径 20 厘米左右的竹篓，另取 2 块纱布用绳缚于竹篓口，在纱布中心开一直径 4 厘米的圆洞；10 厘米左右长的布筒，一端缝于 2 块纱布的圆孔处，纱布周围也可缝合，但须留一边不缝，以便放诱饵。将菜籽饼或菜籽炒香研碎，拌入在铁片上焙香的蚯蚓（焙时滴白酒）即成诱饵。将诱饵放入 2 层纱布中，蒙于竹篓里，使中心稍下垂（不必绷直）。傍晚将竹篓放在有泥鳅的田、池、库或沟渠中，第二天早上收回。此法在闷热天气或雷雨前后施行，效果最佳。竹篓口顺着水流方向放，一次可诱捕数十条，甚至几百条泥鳅，而且泥鳅不受伤，可作为养殖用的种苗。

诱捕过程中，要不断地改善诱饵质量，使其更适合泥鳅的口味。可在诱饵中加入香油、烤香的红蚯蚓或用葵花籽饼拌韭菜等。

4. 食饵诱捕泥鳅时要注意哪些问题？

一是诱食饵料一定要投其所好，选择泥鳅喜欢吃的有浓郁腥味的蛋白饵料。

二是要掌握泥鳅习性，根据它多在夜间摄食的习性，把诱捕的主要时间放在夜间，诱捕效果比白天好。

三是掌握诱捕温度，水温在 25～27℃，泥鳅食欲最盛，此时诱捕效果更好；水温超 30℃ 和低于 15℃，食欲减退，诱捕效果较差。

四是在产卵期和生长盛期时，也有泥鳅在白天摄食，故白天也可诱捕。

5. 如何用草堆诱捕泥鳅?

将水花生或野杂草堆成小堆，放在岸边或塘的四角，过 3～4 天用网片将草堆围在网内，把两端拉紧，使泥鳅逃不出去，将网中的草捞出，泥鳅便落在网中。草捞出后仍堆放成小堆，以便继续引诱泥鳅进草堆然后捕捞。草堆诱捕适合水库、池塘、石缝、深泥等水域和沟渠中的泥鳅。

6. 如何用拉网捕捞泥鳅?

对于养殖密度较高的池塘，可以用拉网的方式来捕捞泥鳅（图 11-2）。网具可用捕捞鱼苗、鱼种的池塘拉网或专门编织的拉网扦捕泥鳅。作业时，先肃清水中的阻碍物，尤其是专门设置的食场木桩等，然后将鱼粉或炒米糠、炒麦麸等香味浓厚的饵料做成团状的硬性饵料，放入食场作为诱饵，等泥鳅上食场摄食时，下网快速扦捕，起捕率较高。

图 11-2　拉网捕鳅

7. 如何用敷网聚捕泥鳅？

敷网聚捕是在泥鳅摄食旺盛季节捕捞养殖泥鳅的好方法，将敷网铺设在食台底部，投饵后泥鳅集群摄食时提起网片即可捕获。这种捕捞方法简便，起捕率高。

8. 如何用罾网捕捞泥鳅？

罾网捕捞养殖泥鳅有罾诱和冲水罾捕两种作业方式，可根据具体的条件来决定采取哪一种方式。罾是一种捕捞水产品的专用工具，呈方形，用聚乙烯网片做成，网目大小1厘米左右，网片面积1～4米²，四角用弯曲成弓形的两根竹竿十字撑开，交叉处用绳子和竹竿固定，用以作业时提起网具。

①罾网诱捕。预先在罾网中放上诱饵，按每亩放10只左右的量将罾放入泥鳅养殖水域中，放罾后，每隔0.5～1小时，迅速提罾1次收获泥鳅，捕捞效果较好。

②冲水罾捕。在靠近进水口的地方敷设好罾，罾的大小可依据进水口的大小而定（为进水口宽度的3～5倍）。然后从进水口放水，以微流水刺激，泥鳅就会逐渐聚集到进水口附近，待一定时间后，即将罾迅速提起而捕获泥鳅。

9. 如何用笼式小张网捕捞泥鳅？

笼式小张网一般呈长方形，在一端或两端装有倒须或漏斗状网片装置，其用聚乙烯网布做成，四边用铁丝等固定成形，宽40～50厘米，高30～50厘米，长1～2米，两端呈漏斗形，口用竹圈或铁丝固定成扁圆形，口径约10厘米。作业时，在笼式小张网内放用蚌、螺肉和煮熟的米糠、麦麸等做成的硬粉团，将网具放入池中，1亩左右的池塘放4～8只网，过1～2小时收获1次，连续作业几天，起捕率可达60%～80%。捕前如能停食1天，并在晚上诱捕，则效果更好。

10. 如何用套张网捕捞泥鳅？

在有闸门的池塘可用套张网捕捞养殖泥鳅。网具方锥形，由网身和网囊两部分组成，其多数是用聚乙烯线编织而成，网囊网目大小在1厘米左右，网口大小随闸门大小而定，网长则为网口径的3～5倍。套张网作业应在入冬泥鳅休眠以前，而以泥鳅摄食旺盛时最好。作业时，将套张网固定在闸孔的凹槽处，开闸放水，随着水从排水口流出，泥鳅慢慢集中到集鱼坑中，并有部分随水流流到张网中，再用水冲集鱼坑使泥鳅集中于张网中。若池水能一次排干，起捕率较高；若池水排不干，起捕率低些，可以再注水淹没池底，然后停止进水，再开闸放水，每次放水后提起网囊取出泥鳅，反复几次，起捕率可达50%～80%。如是在夜间作业，捕捞效率更高。

11．如何用手抄网捕捞泥鳅？

手抄网主要用于鳅种的捕捞，也可用于成鳅的平时捕捞。捕捞鳅种可直接用手抄网于塘边捞取，捕成鳅最好先用饲料引食，再用手抄网捕捉。

手抄网为三角形结构（图 11-3），由网身和网架构成。网身长 2.5 米，上口宽 0.8 米，下口宽 2 米，中央呈浅囊状。网目的大小视捕捞对象而定，捕鳅种的网采用每平方厘米 20～25 目的尼龙网布制成，捕成鳅的网可用密眼网布剪裁制成。捕捞前 3 天慢慢把水排干，将池底划成若干小块，中间开排水沟，让泥鳅往沟中集中，然后用手抄网捕捞。对潜入泥中的泥鳅，可翻泥捕捉。

图 11-3　捕泥鳅的手抄网

12．如何用流水刺激捕捞泥鳅？

在池塘靠近进水口底部，铺一层渔网作为捕捞工具，渔网不宜太小，一般为进水口宽度的 3～4 倍。网目为 1.5～2 厘米就可以了，4 个网角结绑提绳，然后从出水口排去部分池水，在排水同时不断往池中注水，给泥鳅以微流水刺激。因泥鳅具有逆水上溯逃逸的特性，泥鳅就会慢慢地群聚到进水口附近，此时将预先设好的网具拉起，便可将泥鳅捕获。此法适于水温 20℃ 左右，若在泥鳅活动量较大时进行，经多次捕捞约可捕到池中 90％ 的泥鳅。

13. 如何用排水捕捞法捕捞泥鳅?

这是捕捞泥鳅最彻底的一种方法，通常是在立秋后水温下降到 20℃ 以下时采用，此时泥鳅的摄食量较少，生长活动减弱。当然在采取其他捕捞措施后，池塘里还有泥鳅未捕尽时，也会采取这种捕捉的方法。干塘捕捉泥鳅很简单，就是劳动强度较大，先排干养鳅池塘中的水，然后在池塘四周开挖一圈宽50 厘米、深 35 厘米的排水沟，再在池底纵横开挖几条宽 40 厘米、深 25～30厘米的排水沟，与池塘四周的排水沟相连通，在排水沟附近挖坑，保证池底表面的水分能快速沥干到排水沟中，在沟、坑内聚积，泥鳅也就会随着水流慢慢地聚集到沟坑内，这时可用手抄网捕捞。如果池塘面积较大，一次难以捕尽时，可缓缓地进水并淹没池底一个晚上，第二天上午再慢慢放水，直到池塘表面没有水，只剩沟坑内有水时，再用手抄网捕捞，如此经过 2 次至多 3 次，基本上就可以捕尽池中的泥鳅。

14. 干田捕捞泥鳅应如何操作?

这是稻田养殖泥鳅时的捕捞方法之一，就是放干稻田里的水来捕捞泥鳅，一般在深秋水稻成熟时或收割后进行，如果稻田里没有水分，此时泥鳅会钻入田泥中的洞穴里。可采取两种方法来捕捞，一是翻泥掘土将泥鳅捕获，第二种就是先放一部分水刺激一下，过一天一夜后，将水放掉再进行捕捞。

有的养殖户会将田水直接放干，使泥鳅集中到沟土裸露处，然后用手捕捉，不建议采用这种方法，因为这样捕捉会对泥鳅造成损伤，同时劳动强度太大。

15. 如何袋捕泥鳅?

在泥鳅达到捕捞规格时，选择晴朗天气，先将池塘里的水放到表面只保留3 厘米左右时，或将稻田里的水位放到表面出现鱼沟、鱼溜，这时保持两天左右，再将池塘里或稻田中鱼溜、水沟中的水慢慢放完，待傍晚时再将水缓缓注回鱼溜、水沟，同时将准备好的捕鳅袋放入鱼沟、鱼溜中。袋内的饵料必须要香、腥而且是泥鳅特别喜欢的，一般由炒熟的米糠、麦麸、蚕蛹粉、鱼粉等与等量的泥土或腐殖土混合后做成粉团并晾干，也可用聚乙烯网布包裹饵料。在将捕鳅袋放入鱼沟、鱼溜前，就要把饵料包或面团放入袋内，闻到浓郁的香味后，泥鳅会寻味而至，钻到袋内觅食，就能捕捉到。

实践表明，在4~5月份袋捕泥鳅以白天捕捞效果最好。而在8月后至入冬前捕捞应在夜晚放袋，翌日清晨太阳尚未升起时取出，效果最佳。

如果手头上没有现成的麻袋，可把草席或草帘剪成长60厘米、宽30厘米的长方形，然后将配制好的饵料团包置在草席里面，再把草席或草帘两端扎紧，中间微微隆起，放入稻田中，上部稍露出水面，再铺放些杂草等物，泥鳅会到草席内摄食，同样也能捕到大量泥鳅。

16. 如何笼捕泥鳅?

须笼是专门用来捕捞泥鳅的工具（图11-4），是用竹篾编成的，长30厘米左右，直径约10厘米。一端为锥形的漏斗部，占全长的1/3，漏斗部的口径2~3厘米，笼里面装有倒须。在笼子外面连有一根浮标，作为投放和收笼时的标志，浮标用大块塑料泡沫或用木块做成。在须笼中投放泥鳅喜欢的饲料，然后放置于池边浅水区，泥鳅会因觅食而钻入笼中，数小时后提起笼子就可以捕获泥鳅。须笼诱捕泥鳅最好是在夜间进行，如果是在闷热天气或雷雨前后进行，效果最佳。笼捕的泥鳅无损伤，成活率高。

图11-4 须笼

笼捕泥鳅的缺点是受水温的影响较大，当水温超过30℃或低于15℃时，因泥鳅食欲减退或停止摄食，诱捕效果较差。

17. 如何用药物驱捕泥鳅?

药物驱捕泥鳅是利用药物的刺激，强迫泥鳅逃窜到无药效的小范围内，集中将其捕捞。用这种方法驱捕稻田养殖的泥鳅效果最好。

最常用且效果最明显的药物是茶饼，茶饼含有具有溶血作用的皂角苷素，对水生生物有毒杀作用。

稻田驱捕泥鳅每亩茶饼用量5~6千克。

先将新鲜的油茶饼放在柴火中烘烤3~5分钟，当其微燃时取出，趁热碾成粉末，再把辗好的茶饼放在水里制成团状，浸泡3~5小时就可以使用了。

将稻田内水深慢慢下降至刚好淹没泥表面为止，然后在稻田的四角用田里的淤泥堆聚成斜坡，做成逐步倾斜并高于水面3~8厘米的鱼巢，巢面宽30~

50厘米，面积0.5~1米²。鱼巢大小视泥鳅的多少而定，面积较大的稻田，中央也要设泥堆。

施药宜在黄昏实行，将制泡好的茶饼兑水后均匀地将药液倾倒在稻田里，但鱼巢不施药。其后不能排水和注水，也不要在水中走动，在茶饼饼水的作用下，泥鳅钻出田泥，遇到高出水面而无茶饼水的泥堆便钻进去。第二天早晨，将鱼巢内的水排完，扒开泥堆，就可以捕捉泥鳅。

排水口有鱼坑的稻田不用再另做鱼巢，黄昏时直接从进水口方向向排水口逐步均匀倾倒药液，要注意的是在排水口鱼坑附近不施药，这样能将泥鳅驱赶到不施药的鱼坑内，第二天早晨用手抄网将鱼坑中泥鳅捕捞。

此法效果好，成本低，在水温10~25℃时起捕率可达90%以上。同时又可捕大留小，将小泥鳅移到别处暂养，待稻田中的药效消失后（7天左右）再将泥鳅放回该稻田饲养。

使用这种方法要注意两点：一是药物必须随用随配；二是浓度要严格控制，倾倒药物一定要均匀。

18. 泥鳅有什么特性使其在运输过程中不易受损？

泥鳅对环境的适应性很强，在溶氧很低的水中也能正常生活。它有3种呼吸方法：除了正常鳃呼吸外，还可以用皮肤和肠管进行呼吸。这是因为泥鳅的口腔和喉腔的内壁表皮布满微血管网，在陆地上能通过口咽腔内壁表皮直接吸收空气中的氧气。如果水中溶氧不足，它就浮到水面吞吸空气，在肠管内进行气体交换。泥鳅的这种特性使其在运输过程中不易因缺氧而死亡。

19. 泥鳅运输有哪几种类型？

①根据运输距离和运输时间来分，一般把运输时间在10小时以内或距离在300千米以内的称为短程运输；把运输时间在10小时以上、24小时以内，或距离在300千米以上、600千米以内的称为中程运输；把运输时间在24小时以上或距离在600千米以外的称为远程运输。

②按泥鳅的规格来分，有泥鳅的苗种运输、成品泥鳅运输、泥鳅亲本运输等。泥鳅苗种运输要求较高，一般选用鱼篓和尼龙袋带水运输较好；成鳅对运输的要求低些，除远程运输需要尼龙袋装运外，均可因地制宜选用其他方式。

③按运输方式来分，有干法运输、带水运输、降温运输等。具体采用哪种应根据待运泥鳅的数量和交通情况灵活掌握。

④按运输工具来分，有鱼篓鱼袋运输、箱运输、木桶装运、湿蒲包装运、机帆船装运或塑料袋充氧装运等几种。

20. 在运输前如何检查泥鳅的体质?

不论采用哪种装运方法,事前都必须对泥鳅进行体质检查。先将待运的泥鳅暂养1~3天,一方面观察它们的活性,另一方面可以及时将病、伤及死亡的泥鳅剔出。要用清水洗净附在泥鳅身体上的泥沙和黏液,检查泥鳅有无受伤,同时还要重点检查它的口腔和咽部是否有内伤,那些有内外伤、头部钩伤和躯体软弱无力的泥鳅容易死亡,不宜运输,应就地销售。

21. 运输前如何处理泥鳅?

刚刚捕捞的泥鳅应经过洗浴消毒处理,可用3%~5%的食盐水或10毫克/升的二氧化氯溶液将泥鳅浸泡10~20分钟,然后放入水缸、木桶或小的水泥池暂养2~3天,一定要注意不能养在盛过各种油类而未洗净的容器中。在暂养期间要经常换水,以便把刚起捕的泥鳅体表和口中污物清洗干净。开始时每半小时换水1次,所换的水与暂养池的水温差不得超过3℃,水质也应尽量相同,不要用井水、泉水和污染的水。待泥鳅的肠内容物基本排净后,即可起装外运。另外,在装箱前,用专用泥鳅筛过筛分级,同一鱼箱要求装运同一规格的泥鳅。

22. 运输泥鳅前还要做好哪些准备工作?

①检查工具。根据运输的数量和距离,选择合适的运输工具,在运输前一定要对所选用的用具进行认真检查,看看是否完备,还需要补充什么,以及运输途中应急需要什么。

②决定运输路线。尽可能走通畅的路线,用最短的时间到达目的地。尤其是幼鳅或亲鳅、种鳅的运输更为重要,不但到达目的地后要保证成活率,还要尽可能地保证其健康的生活状态,以利于后面的生产活动。

23. 什么是干湿法运输?

干湿法运输又称湿蒲包运输,是利用泥鳅离水后,只要保持体表有一定湿润性,它就能通过口腔进行气体交换来维持生命活动,从而保持相当长时间不易死亡的这一特点来进行运输的。干湿法运输泥鳅有它特有的优势,一是需要的水分少,可少占用运输容器,提高运载能力,便于搬运管理,减少运输费用,还可以防止泥鳅受挤压,存活率可达95%以上。但要求组织工作严密,装包、上车船、到站起卸都必须及时,不能延误。此法适用于泥鳅装运量在500千克以下的中短程运输。

具体步骤是：先将选择好的蒲包清洗干净，浸湿。然后将泥鳅装入蒲包里，每个蒲包装 25～30 千克。再将蒲包装入用柳条或竹篾编制的箩筐或水果篓中，加上盖，以免装运中堆积压伤。运输途中，每隔 3～4 小时要用清水淋1 次，以保持泥鳅皮肤具有一定湿润性。在夏季气温较高时，可在装泥鳅的容器盖上放置整块机制冰，让其慢慢地自然溶化，冰水缓缓地渗透到蒲包上，既能保持泥鳅皮肤湿润，又能起到降温作用。在 11 月中旬前后，用此法装运，如果能保持湿润不加冰块，3 天左右一般不会发生死亡。

24. 什么是泥鳅的带水运输？

带水运输就是泥鳅在运输过程中没有离开水，此法适宜较长时间的运输，存活率可达 90％以上。

带水运输泥鳅用的容器有木桶、水缸、帆布袋、尼龙袋、活水船和机帆船，运输量较大时可用活水船和机帆船来装运，运输量较少时大都采用木桶。

25. 木桶装运泥鳅有什么好处？

木桶作为装运泥鳅的容器，既可以作为收购、贮存暂养泥鳅的容器，又适于汽车、火车、轮船装载运输，装卸方便，从收购、运输到销售都不需要更换容器，既省时省力，又能减少损耗，所以通常多用木桶装运。

木桶为圆柱形，用 1.2～1.5 厘米厚的杉木板制成（忌用松木板），高 70 厘米左右，桶口直径 50 厘米，桶底直径 45 厘米，桶外用铁丝打三道箍，最上边的箍两侧各附有一个铁耳环，以便于搬运。桶盖是同样的杉木板做成，盖上开若干条通气缝（图 11-5）。

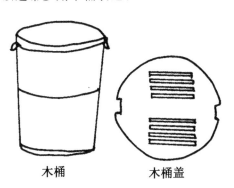

木桶　　　　木桶盖

图 11-5　装运泥鳅的木桶

木桶装载泥鳅的量，要根据季节、气候、温度和运输时间等来确定。容量 60 升左右的木桶，水温在 25～30℃，运输时间在 1 日以内，泥鳅的装载量为 25～30 千克，另盛清水 20～25 升或 20～25 升浓度为 0.5 万～1 万单位/升的青霉素溶液；运途在 1 日以上、水温超过 30℃，泥鳅装载量以 15～20 千克为宜；如果天气闷热应再适当少装，每桶的装载量应减至 12～15 千克。起运前要仔细检查木桶是否结实，有无漏水、桶盖是否完整齐全，以免途中因车船颠簸或摇晃而破损，造成损失。另外，准备几个空桶，随同起运，以备调换之用。

运输途中要定时换水，经常搅拌，搅拌时可用手或圆滑的木棒从桶底轻轻挑起，重复数次将底部的泥鳅翻上来。气候正常、水温 25℃ 左右，每隔 4～6 小时换水 1 次；若遇到风向突变（如南风转北风，北风转南风），每隔 2～3 小时就需换 1 次水；气候闷热气温较高时，应及时换水；在运输途中，如发现泥鳅长时间浮于水面，并口吐白沫等异常现象，说明容器中的水质变坏，应立即更换新水，换水一定要彻底，换的水以清净的活水（如江水、河水）为最好，不能用碱性较重的泉水、有机质含量较高的塘水。夏季运输泥鳅水温过高时，可在桶盖上加放冰块，使溶化的冰水逐渐滴入木桶中，促使水温慢慢下降。

26. 塑料袋充氧密封运输应如何操作?

如果泥鳅运输量较少时（150 千克以内），一般采用塑料袋充氧密封运输（图 11-6）。塑料袋的常用规格为：长 70～80 厘米，宽 40 厘米，前端有 10 厘米×15 厘米的装水空隙。操作步骤如下。

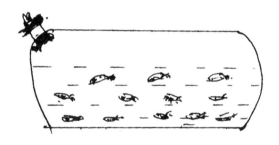

图 11-6　充氧塑料袋示意图

①做好合理的分工工作。通常是三人一组，一个人主要负责捞泥鳅，一个人负责掌握氧气袋，另外一个人负责充氧气。这些工作必须细心、手脚麻利，不能损坏塑料口袋。

②仔细检查每只塑料袋是否漏气。用嘴向塑料袋吹气，或将袋口敞开，由上往下一甩，迅速用手捏紧袋口，都可判断塑料袋是否漏气。

③为了防止运输过程塑料袋漏气，装鳅袋外面应该再套一只塑料袋用以加固。装鳅前应把塑料袋放进泡沫箱或纸板箱里比试一下，看一看大约充氧到什么位置，一般每袋装 15 千克泥鳅，同时装入 10 升清水，根据这个要求去捉泥鳅、充氧，充到一定程度就扎口。要正确估计充氧量，充氧太多，塑料袋显得太膨胀而不能很好地装进外包装的泡沫箱中；充氧太少，可能致泥鳅在长时间的运输过程中因氧气不足而发生死亡。如在夏季运输，袋子上面要放冰块，保

持袋中水温在 10℃ 左右，即使经过长时间运输（48 小时）到达目的地后把泥鳅转入清水桶中，泥鳅又恢复正常，存活率可达 100%。

④氧气充足后，先要把里面一只袋子在离袋口 10 厘米左右处紧紧扭转，并用橡皮筋或塑料袋在扭转处扎紧，然后再把扭转处以上 10 厘米这一段的中间部分再扭转几下折回，再用橡皮筋或塑料袋将口扎紧。最后，再把套在外面那只塑料袋口用同样的方法分 2 次扎紧，切不可把两袋口扎在一起。否则就扎不紧，容易漏水、漏气。

⑤袋中装水量过多或过少都不好，一般来讲，装水量在 10 升左右，但也要看鱼体大小和泥鳅的数量灵活掌握。如果泥鳅数量少、个体小，则可少放些水，如果泥鳅的数量多而且鱼体大，就需要多放点水。

⑥远程运输还得加微量药物，如加入适量的浓度为 1 万单位/升的青霉素溶液，能起到防病和降低泥鳅耗氧量的作用，可降低泥鳅在运输中的死亡率（图 11-7）。

图 11-7　塑料袋充氧运输泥鳅

27. 用活水船或机帆船运输应如何操作？

如果泥鳅是大批量上市，运输量较大，可能达到 10000 千克以上时，可以考虑用船运，如果运输时间不长（一般在 24 小时内），加上水运又非常方便的地方，用活水船或机帆船运输是最好的选择，这种运输法的优点是能节约木桶，运输成本低，而且成活率高，一般在95％以上。具体操作步骤如下。

①选择健壮的泥鳅，凡有外伤或柔弱无力的个体都应剔出，就地销售。

②船只选择以30～40吨的机帆船较好，不宜过大。盛装泥鳅包括水的重量不超过实际载重量的70％。以保证安全运输和便于操作管理。船边缘要高，船底要平坦，舱盖齐全，船舱不漏水。另备能插入船舱底部的篾筒一个，筒径比水瓢大一倍，以便换水。装泥鳅的船舱，事先必须彻底清洗，清除有害物质。

③根据经验，用船运泥鳅时，一般泥鳅和水各50％，也就是说装上1千克泥鳅时，同时配装1升水。

④运输途中要经常翻动泥鳅（注意避免擦伤泥鳅体表）和勤换清水（活水船不换水）。及时清除死、伤泥鳅。运输途中要适时彻底换水。天气正常，水温在25℃时，每隔6～8小时换水1次；天气闷热时，每隔2～4小时换水1次。水质不好时，须泄出一部分水，添加新水。添加或换的水以洁净的江河水为好，切忌用碱性强的水或温差太大的水。

28. 泥鳅苗种运输前要做好哪些准备工作？

泥鳅苗种可用木桶、帆布桶、篓、筐等敞口容器运输，也可用塑料袋充氧密封运输。

泥鳅幼苗和泥鳅种在运输前的准备工作是有一定差别的，如果是没有开食的鳅苗，由于它们是靠卵黄囊来提供营养，可以直接以水花的形式用塑料袋充氧密封运输，但是从提高泥鳅苗种成活率的角度出发，我们不主张运输泥鳅水花。

对于开始吃食的鳅苗，在起运前最好先喂1次鸡蛋黄，喂时将蛋黄用纱布包着放在盛水的瓷盆中，捏碎，滤出蛋渣，然后将蛋黄汁均匀洒入盛鳅苗的容器中，每10万尾左右需1个蛋黄。喂食后2～3小时，再换1次清水就可起运。

对于已经进行幼苗培育的泥鳅来说，为了提高鳅种的适应能力和成活率，鳅种在运输前需先拉网锻炼1～2次，要计算好时间，掌握好在运输前一天停止投喂饵料，起运的当天也不投饵，同时在装运前要先将苗种集中于捆箱内暂养2～3小时，目的是让泥鳅排出粪便，洗去体表分泌的黏液，以利于提高运输成活率。

29. 泥鳅苗种运输对时间和水温有什么要求?

运输泥鳅苗种的时间基本上是由泥鳅的孵化期和培育期所决定，在相对固定的期间内，一定要选择较好的天气，水温在 5～10℃ 时起运。

30. 泥鳅苗种运输的规格与密度有什么关系?

泥鳅苗种运输时的密度与它们的规格是密切相关的，基本上是个体越小，装载量越大；反之，个体越大，装载量就越小。一般运输时装水量为容器的 1/3～1/2。就 1 升水体来说，一般是 1 厘米的鳅苗可装 3000～3500 尾，1.5～2 厘米的鳅苗可装 500～700 尾，2.5 厘米的鳅种可装 300～350 尾，3.5 厘米的鳅种可装 150～200 尾，4 厘米的大规格鳅种装 120～150 尾。

31. 泥鳅苗种运输时的管理工作有哪些?

泥鳅苗种比较弱小，适应运输环境变化的能力也比较弱，稍有不慎，就会造成苗种大批量死亡。因此在运输中一定要注意做好管理工作。

首先是在运输中时刻注意容器内水体溶氧情况，有条件的话，可以用电瓶附加气泡石来充氧。如发现鳅苗浮头，应及时换水，每次换水量为水体总量的 1/3 左右，在换水时，要注意换入的水必须清新，水温相差不能过大，鳅苗不能超过 2℃，鳅种不能超过 3℃。

其次是投饲问题，原则上泥鳅苗种在运输过程中是不喂食的，但是在远程运输的情况下，有时确实需要投饲 1～2 次，这时一定要掌握适量，尽可能少量投喂，而且在投饲前换水，投饲后 4～5 小时才能换水。因为饱食后换水容易造成死亡。

再次是保护好鳅苗，由于幼鳅活动能力低，运输过程中容易聚集成团，最后出现幼鳅黏结在一起而窒息的情况。为了避免这种情况的发生，在长距离运输时最好在幼鳅中加几尾大一些的泥鳅，通过大泥鳅的不断钻窜，可以有效地减少黏结现象。

最后是要做好降温措施，由于鳅苗和鳅种运输的大部分时间可能是在高温季节，所以一定要做好降温工作，可以用冰块来降温，效果不错。使用冰块时，也要注意技巧，不能将冰块直接放入水中，否则会导致泥鳅苗种感冒，此时可将冰块放在帆布桶等运输容器之上，让融化的冰水滴入桶中。用塑料袋运鱼时，可将冰块放在另一塑料袋中，贴近装鱼的塑料袋，置于同一纸箱中。

32. 成鳅蓄养有什么意义？

成鳅就是可以上市供人们食用的大规格泥鳅，起捕以后，要在绝食状态和密集条件下，先经过1～3天的清水蓄养，才能外运交售。蓄养的目的，一是去掉泥鳅泥腥味，提高成鳅的食品质量；二是使成鳅排出粪便，降低暂养和运输中的耗氧量，提高运输存活率。常用的蓄养方法有鱼篓蓄养和木桶蓄养两种。

33. 如何用鱼篓蓄养成鳅？

使用专用的泥鳅蓄养篓来进行蓄养，蓄养篓的规格可以根据生产实际情况而定，不可千篇一律。先把捕上来的泥鳅装在蓄养篓里，然后把篓子放在水里进行蓄养。在不同的环境下，泥鳅的蓄养量有一定的差别，如果放在静水中蓄养，由于水体交换较慢，一篓装泥鳅7～8千克，如果放在流水中蓄养，装鳅数量可以达到在静水中的两倍甚至更多，一篓可装泥鳅15～20千克。篓放在水中时，不要全闷在水里，最好让篓子的1/3露在水面以上，以保证泥鳅能进行肠呼吸。

34. 如何用木桶蓄养成鳅？

木桶蓄养就是用农村中常见的木桶进行蓄养，如果没有木桶，用塑胶制成的塑料桶也可以，容量为100升的大木桶可蓄养泥鳅15千克。在蓄养的前5天要勤换水，每天要换水4～5次，两天以后每天换水2～3次，每次换掉桶内水量的1/4左右就可以了。

35. 成鳅如何运输？

运输成鳅的方法很多，常用的方法有干湿运输、带水运输和塑料袋充氧运输，具体的运输方法与前文基本上是一致的，在此不再赘述。

第十二章　泥鳅疾病的防治

1. 泥鳅生病要考虑哪些因素?

根据鱼病专家的研究和在养殖过程中的细心观察,泥鳅发生疾病的原因可以从内因和外因两个方面进行分析,因为任何疾病的发生都是由于机体所处的外部因素与机体的内在因素共同作用的结果。在查找病源时,应该把外界因素和内在因素联系起来加以考虑,才能正确找出发病的原因。根据鱼病专家分析,鱼病发生的原因主要包括致病生物的侵袭、鱼体自身因素、环境条件的影响和养殖者人为因素等共同作用。

2. 泥鳅致病微生物有哪些种类?

常见的泥鳅疾病多数都是由于各种致病的生物传染或侵袭到鱼体而引起的,包括真菌、病毒、细菌、霉菌、藻类、原生动物以及蠕虫、蛭类和甲壳动物等,这些病原体是影响泥鳅健康的罪魁祸首。

3. 有哪些敌害生物威胁泥鳅?

在泥鳅养殖时,有些会直接吞食或直接危害泥鳅或鳅卵的敌害生物。养殖水体里如果有青蛙和乌鳢等凶猛鱼类存在时,它们会吞食泥鳅的卵和幼苗,对泥鳅的危害极大。其他的敌害还有鼠、蛇、鸟、水生昆虫、水蛭等。

4. 为什么说水温失衡是泥鳅生病的重要因素?

泥鳅是冷血动物,其体温随外界环境尤其是水体的温度变化而发生改变,所以说对泥鳅的生活有直接影响的主要是温度。当水温发生急剧变化,主要是突然上升或下降时,由于泥鳅机体适应能力不强,不能正常随之变化,就会发生病理反应,导致抵抗力降低而患病。例如泥鳅在亲鱼或鳅苗培育时进入不同水体或者是在换冲水时,会因为水温相差过大而导致"感冒",甚至大批死亡。

5. 为什么说水质关系到泥鳅的生长和抵御病害的能力？

泥鳅生活在水环境中，水质的好坏直接关系到它们的生长，好的水环境会使泥鳅不断增强适应生活环境的能力。如果水质发生变化，就可能不利于泥鳅的生长发育，甚至会使泥鳅失去抵御病原体侵袭的能力，导致疾病的发生。水产行业内有句话"养鳅先养水"，说的就是要在养鳅前先把水质培育成适宜养殖鱼类的"肥、活、嫩、爽"的标准。

6. 为什么说底质影响泥鳅抵御病害的能力？

泥鳅生活在水底，因此底质的好坏常常是决定泥鳅是否生病的关键因素之一，底质中尤其是淤泥中含有大量的营养物质与微量元素，这些营养物质与微量元素对饵料生物的生长发育、水草的生长与光合作用都具有重要意义。淤泥中含有大量的有机物，分解有机物会消耗水体中有限的氧，往往造成池塘缺氧泛塘。专家指出，在缺氧条件下，泥鳅的自身免疫力下降，更易发生疾病。

7. 哪些有毒物质会引起泥鳅生病？

对泥鳅有害的毒物很多，常见的有硫化氢以及各种防治疾病的重金属盐类。这些毒物不但可能直接引起泥鳅中毒，而且会降低鳅体的防御机能，致使病原体更容易入侵。急性中毒时，泥鳅在短期内会出现中毒症状或迅速死亡。当毒物浓度较低时，则表现为慢性中毒，短期内不会有明显的症状，但泥鳅生长缓慢或出现畸形，也更容易患病。

8. 为什么说饲喂不当会引起泥鳅生病？

如果投喂不清洁或变质的饲料，时饥时饱及长期投喂单一饲料，饲料营养成分不足、缺乏动物性饵料和合理的蛋白质、维生素、微量元素等，会导致泥鳅摄食不正常，就会缺乏营养，造成体质衰弱，容易感染患病。投饵过多，易引起水质腐败，促进细菌繁衍，导致鱼类罹患疾病。另外投喂的饵料变质、腐败，也会直接导致泥鳅中毒生病。投喂要坚持"四定"原则，在投喂配合饲料时，要求所投喂的配合饵料要与泥鳅的生长需求一致，确保泥鳅营养良好。

9. 为什么强调鳅病要预防为主？

在人工养殖时，泥鳅虽然生活在人为调控的小环境里，可控性及可操作性强，有利于及时采取有效的防治措施。但它毕竟生活在水里，一旦生病尤其是一些内脏器官的鱼病发生后，食欲基本丧失，常规治疗几乎失去效果，或多或少都要死掉一部分，尤其是幼鱼期更是如此，给养殖者造成经济和思想上的负担。因此对鳅病的治疗应遵循"预防为主，治疗为辅"的原则，按照"无病先防、有病早治、防治兼施、防重于治"的原理，加强管理，防患于未然。目前在养殖中常见的预防措施有：改善养殖环境，消除病害滋生的温床；加强鳅苗鳅种检验检疫，杜绝病原体侵入；加强鳅体预防，培育健康鳅种，切断传播途径；通过生态预防，提高鳅体体质，增强抗病能力等措施。

10. 如何从改善养殖环境的角度来预防鳅病？

池塘是鱼类栖息生活的场所，同时也是各种病原生物潜藏和繁殖的地方，所以池塘的环境、底质、水质等对病原体的滋生及蔓延有重要影响。

①环境。泥鳅对环境刺激的应激性较强，因此要求鳅池应建在水、电、路三通且远离喧嚣的地方，鳅池走向以东西方向为佳，有利于冬春季节水体的升温；要清除池边过多的野生杂草，注意对敌害生物的清除及预防。

②底质。鳅池在经过两年以上的使用后，淤泥逐渐堆积。如果淤泥过多，会对水质产生严重影响，而且是病原体滋生、蔓延的温床。所以说池塘清淤消毒是预防疾病和减少流行病暴发的重要环节。

池塘清淤主要有清除淤泥、铲除杂草、修整进出水口、加固塘堤等工作。除淤工作一般在冬季进行，先将池水排干，然后再清除淤泥。池塘清淤后最好经日光暴晒及严寒冰冻一段时间，以利于杀灭越冬的鳅病病原体。如果鳅池面积较大，清淤的工程量相当大，可用生石灰干法消毒。

③水质。在养殖水体中，生存有多种生物，包括细菌、藻类、螺、蚌、昆虫及蛙、野杂鱼等，它们有的是病原体，有的是传染源，有的是传染媒介和中间宿主，因此必须进行药物消毒。常用的水体消毒药物有生石灰、漂白粉、鱼藤酮等，最常用且最有效果的当推生石灰。由于使用生石灰消毒需要的劳动力比较大，现在许多养殖场都使用专用的水质改良剂，效果挺好。

④无论是养殖池塘还是越冬池，鳅苗鳅种进池前都要消毒清池。消毒清池的方法有多种，具体方法在后面将有详述。

11. 如何通过改善水源及用水系统来预防鳅病？

水源及用水系统是鳅病病原传入和扩散的第一途径。优良的水源应充足、清洁、不带病原生物以及没有人为污染的有毒物质，水的物理、化学指标应适合鳅的需求。良好的用水系统应是每个养殖池都有独立的进水和排水管道，以避免水流把病原体带入池中。一定规模的养殖场应考虑建立蓄水池，可先将养殖用水引入蓄水池，使其自行净化、曝气、沉淀，或进行消毒处理后再灌入养殖池，这样能有效地防止病原随水源带入池中。

12. 如何对泥鳅苗种进行消毒来预防鳅病?

即使是健康的苗种，亦难免带有某些病原体，尤其是从外地运来的苗种。因此，泥鳅苗种入池前须进行药浴消毒，药浴的浓度和时间，根据不同的养殖种类、个体大小和水温灵活掌握。

①食盐。在鱼体消毒中最为常用，配制浓度为 3%～5%，洗浴 10～15 分钟，可以预防烂鳃病、三代虫病、指环虫病等。

②漂白粉和硫酸铜合剂。漂白粉浓度为 10 毫克/升，硫酸铜浓度为 8 毫克/升，两者充分溶解后再混合均匀，将泥鳅放在其中洗浴 15 分钟，可以预防细菌性皮肤病、鳃病及大多数寄生虫病。

③漂白粉。用浓度为 15 毫克/升的漂白粉溶液，浸洗 15 分钟，可预防细菌性疾病。

④硫酸铜。用浓度为 8 毫克/升硫酸铜溶液，浸洗 20 分钟，可预防鱼波豆虫病、车轮虫病。

⑤敌百虫。用 10 毫克/升的敌百虫溶液浸洗 15 分钟，可预防部分原生动物病和指环虫病、三代虫病。

⑥用 50 毫克/升的 PVP-I（聚乙烯吡咯烷酮碘），洗浴 10～15 分钟，可预防寄生虫性疾病。

13. 如何对养殖用具进行消毒来预防鳅病?

各种养殖用具，例如在发病的泥鳅中使用过的网具、塑料和木制工具等，常是病原体传播的媒介，特别是在疾病流行季节。因此，在日常生产操作中，如果工具数量不足需要混搭使用，应经消毒后再使用。

14. 如何对泥鳅的食场进行消毒来预防鳅病?

食场是泥鳅进食之处，由于食场内常有残存饵料，时间长了或高温季节腐败后可成为病原菌繁殖的培养基，就成了病原菌大量繁殖的场所，很容易引起泥鳅细菌感染，导致疾病发生。食场是泥鳅最密集的地方，也是传播疾病的地方，因此定期对食场进行消毒是有效防治鳅病的措施之一。食场消毒通常有药物悬挂法和泼洒法两种。

①药物悬挂法。可用于食场消毒的悬挂药物主要有漂白粉、硫酸铜、敌百虫等，悬挂的容器有塑料袋、布袋、竹篓。装药量以药物能在 5 小时左右溶解完为宜，食场周围的水体达到一定的药物浓度就可以了。在鱼病高发季节，要

定期进行挂袋预防，药袋挂在食台周围，每个食台挂 3～6 个袋。一般 15～20 天为 1 个疗程，可预防细菌性皮肤病和烂鳃病。漂白粉挂袋每袋 50 克，每天换 1 次，连续挂 3 天；硫酸铜、硫酸亚铁挂袋，每袋可用硫酸铜 50 克、硫酸亚铁 20 克，每天换 1 次，连续挂 3 天。

②泼洒法。每隔 1～2 周在泥鳅吃食后用漂白粉消毒食场 1 次，用量一般为 250 克，将溶化的漂白粉泼洒在食场周围。

15. 如何培育健壮苗种来预防鳅病？

放养健壮和不带病原的苗种是成功养殖的基础，培育健壮鳅苗的技巧包括几点：一是亲本无毒；二是亲本在进入产卵池前进行严格的消毒，以杀灭可能携带的病原；三是孵化工具要消毒；四是待孵化的鳅卵要消毒；五是育苗用水要洁净；六是尽可能不用或少用抗生素；七是培育期间饵料要好，不能投喂变质腐败的饵料。

16. 如何投喂优质饵料来预防鳅病？

饵料的质量和投饵方法，不仅是保证养殖产量的重要措施，同时也是增强泥鳅疾病抵抗力的重要措施。养殖水体由于放养密度大，必须投喂人工饵料才能保证养殖群体有丰富和全面的营养物质。因此，科学地根据不同养殖对象及其发育阶段，选用多种饵料原料，合理调配，精细加工，保证泥鳅吃到适口和营养全面的饵料，不仅是为其生长、生活提供能量，同时也是提高泥鳅体质和抵抗疾病能力的需要。生产实践证明，不良的饵料不仅无法提供泥鳅成长和维持健康所必需的营养成分，而且还会导致免疫力和抗病力下降，直接或间接使泥鳅易于感染疾病甚至死亡。

17. 鱼药使用有什么原则？

①在池塘养殖过程中要加强对病、虫、敌害生物的综合防治，坚持"全面预防，积极治疗"的方针，强调"防重于治，防治结合"的原则。

②选用鱼药应严格遵守国家和有关部门的有关规定，严禁使用未经取得生产许可证、批准文号、生产执行标准的鱼药；严禁使用国家已经禁止使用的药物。

③严禁使用高毒、高残留或具有三致毒性（致癌、致畸、致突变）的鱼药，以不危害人类健康和不破坏水域生态环境为准则，选用"三效"（高效、速效、长效）、"三小"（毒性小、副作用小、用量小）的鱼药。大力推广健康养殖技术，改善养殖水体生态环境，提倡科学合理的混养和密养，建议使用生

态综合防治技术和使用生物制剂、中草药对病虫害进行防治。

④严禁使用对水环境有严重破坏而又难以修复的鱼药，严禁直接向养殖水体泼洒抗生素。

18. 如何辨别鱼药的真假？

有一种被称为"五无"型的鱼药，就是出售的鱼药无商标标志、无厂名厂址、无生产日期、无保存日期、无合格许可证。这种连基本的外包装都不合格的鱼药是最典型的假鱼药。

还有冒充型鱼药，其冒充表现在两个方面，一是商标冒充，一些见利忘义的鱼药厂家发现市场俏销或正在被宣传的渔用药物时，将自己生产的质量低劣的产品用上与其同样的包装，用同样品牌或冠以"改良型产品"加以出售。另外就是一些厂家利用药物的可溶性特点将一些粉剂药物改装成水剂药物，然后冠以新药名投放市场。这样的假药具有一定的欺骗性，普通养殖户一般难以识别，需要专业人员指导帮助。

另外还有一种被称为夸效型鱼药，就是一些鱼药生产企业不顾事实，肆意夸大鱼药的诊疗范围和效果，有时我们可见到部分鱼药包装袋上的广告说得天花乱坠，能治所有鱼病，实际上疗效不明显或根本无效，这种鱼药可以摒弃不用。

19. 如何选购合适的鱼药？

选购鱼药首先要在正规的药店购买，注意药品的有效期。

其次是特别要注意药品的规格和剂型。同一种药物往往有不同的剂型和规格，其药效成分往往不相同。如漂白粉的有效氯含量为28%～32%，而漂粉精为60%～70%。再如2.5%粉剂敌百虫和90%晶体敌百虫是两种不同的剂型，两者的有效成分相差36倍。因此，了解同一类鱼药的不同商品规格，便于选购物美价廉的药品，并根据商品规格的不同有效成分换算出正确的施药量。

再次就是合理用药，对症下药。目前常用于防治鱼类细菌性、病毒性疾病和改善水域环境的全池泼洒鱼药有氧化钙（生石灰）、漂白粉、二氯异氰尿酸钠、三氯异氰尿酸、二氧化氯、二溴海因、四烷基季铵盐络合碘等；常用于杀灭和控制寄生虫性原虫病的鱼药有氯化钠（食盐）、硫酸铜、硫酸亚铁、高锰酸钾、敌百虫等，这些鱼药常用于浸浴机体、挂篓和全池泼洒；常用内服药有土霉素、诺氟沙星、磺胺嘧啶和磺胺甲噁唑等。中草药有大蒜、大蒜素粉、大黄、黄茶、黄柏、五倍子、穿心莲和苦参等，可以用中草药浸液全池泼洒和拌饵内服。

20. 如何准确计算用药量？

用于鱼病防治的内服药剂量通常按鱼体重计算，外用药则按水的体积计算。

使用内服药首先应比较准确地推算出鱼群的总重量，然后折算出给药量多少，再根据鱼的种类、环境条件、鱼的吃食情况确定出鱼的吃饵量，再将药物混入饲料中制成药饵投喂。使用外用药时要先算出水的体积，即水体的面积乘以水深，再按施药的浓度算出药量，如施药的浓度为 1 毫克/升，则每立方水体用药 1 克。

21. 为泥鳅治病为什么不能凭经验用药？

"技术是个宝，经验不可少。"由于养鱼场一般都设在农村，特别是远离城市的地方，缺乏病害的诊断技术和必要设备，所以一些养殖户在疾病发生后，无法及时进行必要的诊断，这时经验就显得非常重要。他们或根据以前的治疗鱼病的经验，或记忆中的一些用药方法，盲目施用鱼药。例如许多老养殖户特别信奉"治病先杀虫"的原则，不管是什么原因引起的疾病，先使用一次敌百虫、灭虫精等杀虫药，然后再换其他的药物。这样做是非常危险的，因为一来贻误了病害防治的最佳时机，二来耗费了大量的人力和财力，三是乱用药会加快鱼类的死亡。因此，一旦鱼病发生，千万不要过分依赖老经验，必须借助技术手段和设备，在对疾病进行必要的诊断和病因分析的基础上，结合病情施用对症药物，才能得到有效的防治效果。

22. 为泥鳅治病为什么不能随意加大药物剂量？

我们常常发现一些养殖户在用药时会随意加大用药量，有的甚至比我们开出药方的剂量高出 3 倍左右，他们加大鱼药剂量的随意性很强，往往今天用 1 毫克/升的量，明天就敢用 3 毫克/升的量。在他们看来，用药量大了，就会收到更好的治疗效果。这种观念是非常错误的，任何药物只有在合适的剂量范围内，才能有效地防治疾病。如果剂量过大则会发生鱼类中毒事件。所以用药时必须严格掌握剂量，不能随意加大剂量，当然也不要随意减少剂量。根据个人的经验，为了能起到更好的治疗作用，在开出鱼病用药处方时，水产技术人员会结合鱼体情况、水环境情况和鱼药的特征，在剂量上已经适当提高了 20％左右，如果养殖户再随意加大用量，极有可能会导致泥鳅中毒死亡。

23. 为泥鳅治病用药为什么不能乱配伍?

一些养殖户在用药时,不问青红皂白,只要有药,拿来就用,结果导致用药效果不好,有时甚至还会毒死鱼,这就是对药物的理化性质不了解,胡乱配伍导致的结果。其实有许多药物存在配伍禁忌,不能混用,例如二氯异氰脲酸钠和三氯异氰脲酸等药物要现配现用,避免使用金属容器,同时要记住它们不能与酸、铵盐、硫黄、生石灰等配伍混用,否则就起不到治疗效果。还有一个例子就是敌百虫不能与碱性药物(如生石灰)混用,否则会生成毒性更强的敌敌畏,对鱼类而言是剧毒药物。

24. 为泥鳅治病为什么药物混合一定要均匀?

这种情况主要出现在粉剂药物的使用上,例如一些养殖户在向饲料中添加口服药物进行疾病防治时,只是草草搅拌几下了事,结果造成药物分布不均匀,有的饲料中没有药物,起不到治疗效果,有的饲料中药物成堆地在一起,导致局部药物中毒。因此在使用药物时一定要小心、谨慎、细致入微,对药物和饲料进行分级充分搅拌,力求药物分布均匀。另外在使用水剂或药浴时,用手在容器里多搅动几次,要尽可能地使药物混合均匀。

25. 为泥鳅治病为什么用药后一定要进行观察?

有些养殖户觉得用药后就万事大吉了,根本不注意观察泥鳅在用药后的反应,也不进行记录、分析。这是非常错误的。建议养殖户在药物施用后,必须加强观察,尤其是在下药 24 小时内,要随时注意泥鳅的活动情况,包括泥鳅的死亡情况、泥鳅的游动情况、泥鳅体质的恢复情况。在观察、分析的基础上,要总结治疗经验,提高病害的防治技术,减少其因病死亡而造成的损失。

26. 为泥鳅治病为什么不能重复用药?

发生重复用药的原因主要有两个,一是养殖户期望鱼病快点治好,故意重复用药。另一个情况是由于目前鱼药市场比较混乱,缺乏正规的管理,同药异名或同名异药的现象十分普遍,一些养殖户因此而重复使用同药不同名的药物,导致药物中毒和产生耐药性。因此,建议养殖户在选用鱼药时,一要请教相关技术人员,二要认真阅读药物的说明书,了解药物的性能、治疗对象、治疗效果,还要了解药物的通俗名和学名,以避免重复用药。

27. 为泥鳅治病为什么要讲究用药方法?

有些养殖户拿到药后，兴冲冲地走到塘口，见水就撒药，结果造成了一系列不良后果。为什么会这样呢? 这是因为有一些药物必须用适当的方法才能发挥它们的有效作用，如果用药方法不当，或影响治疗效果，或造成中毒。例如固体二氧化氯，在包装时，都是用 A、B 袋分开包装的，在使用时要将 A、B 袋分别溶解，再混合后才能使用。如果将 A、B 袋打开就立即拌和使用，在高温下有时会发生剧烈化学反应，会导致爆炸事故，危及人的生命安全，这就是用药方法不对的结果。还有一种情况往往被养殖户忽视，就是不分时间，想洒就洒，这也不对。正确方法是应先喂食后洒药，如果是先洒药再喂食或者边洒药边喂食，泥鳅有时会把药物尤其是没有充分溶解的颗粒型药物当作食物吃掉，结果导致泥鳅中毒。

28. 为泥鳅治病为什么用药时间不宜过长?

部分养殖户为了提高鱼药效果，有时会延长用药时间，这种情况尤其是在浸洗泥鳅时更常见。殊不知，许多药物都有蓄积作用，如果一味地长时间浸洗或长期投喂鱼药，不仅影响治疗效果，有的还可能影响机体的康复，导致慢性中毒。所以用药时间长短要适度。

29. 为泥鳅治病为什么用药疗程要保证?

一般泼洒用药连续 3 天为一个疗程，内服用药 3~7 天为一个疗程。在防治疾病时，必须用药 1~2 个疗程，以保证治疗彻底，否则疾病易复发。有一些养殖户为了省钱，往往看到鱼的病情有一点好转时，就不再用药了，这种用药方法是不值得提倡的。

30. 什么是鱼药的休药期?

休药期是指受试动物从最后一次给药到该动物上市可供人安全消费的时间间隔。休药期的长短应确保上市水产品的残留量必须符合 NY 5070 要求。

不同的药物在泥鳅体内的休药期是不同的，我国相关部门也颁布了常用鱼药的休药期，请参见表 3。

表 3 常用鱼药休药期

药物名称	休药期（天）
敌百虫（90％晶体）	≥10
漂 白 粉	≥5
二氯异氰尿酸钠	≥10
三氯异氰尿酸	≥10
二氧化氯	≥10
土 霉 素	≥30
磺胺间甲氧嘧啶及其钠盐	≥37

31. 我国相关机构发布的禁用鱼药有哪些？

我国相关机构发布的禁用鱼药包括以下种类及品种：六六六、林丹、毒杀芬、滴滴涕、甘汞、硝酸亚汞、醋酸汞、呋喃丹、杀虫脒、双杀脒、氟氯氰菊酯、五氯酚钠、孔雀石绿、锥虫肿胺、酒石酸锑钾、磺胺噻唑、磺胺脒、呋喃西林、呋喃唑酮、呋喃那斯、氯霉素、红霉素、杆菌肽锌、泰乐菌素、环丙沙星、阿伏帕星、喹乙酸、速达肥、己烯雌酚、甲睾酮。

32. 如何防治泥鳅红鳍病？

红鳍病别名赤鳍病、腐鳍病，由细菌引起。当池水恶化、营养不当及鱼体受伤时，更易发生。泥鳅被感染后其体表、鳍、腹部及肛门等处有充血发红症状并溃烂，有些则呈现出血斑点、肌肉溃烂、鳍条腐蚀等现象，不摄食，直至死亡。此病易在夏季流行。发病率高、危害大，可导致死亡。

预防措施

①苗种放养前用 4％的食盐水浴洗消毒。

②避免泥鳅受伤，鳅苗放池前用 5 毫克/升的二氯异氰脲酸钠溶液浸泡 15 分钟。

治疗方法

①用每毫升含 10～15 微克的土霉素或金霉素溶液浸洗 10～15 分钟，每天 1 次，1～2 天即可见效。

②用 1 毫克/升漂白粉全池泼洒。

③病鱼可用 10 毫克/升四环素浓度浸洗一昼夜。

④按饲料重 0.3％中拌入"氟苯尼考"投喂 5～7 天。

⑤用 10～20 毫克/升的二氧化氯或土霉素或金霉素浸泡病鱼 10～20 分钟，有良好疗效。

⑥用 3％食盐水溶液浸泡病鳅 10 分钟。

33. 如何防治泥鳅肠炎病？

肠炎病别名烂肠瘟、乌头瘟。由嗜水气单胞菌感染。病鳅行动缓慢，停止摄食，鳅体发乌变青，头部显得特别，腹部出现红斑，肠管充血发炎，肛门红肿，轻者腹部有血和黄色黏液流出，重者发紫，很快死亡。此病一年四季均能发病，夏秋季是发病高峰期。全国范围内流行。所有的泥鳅都能感染患病，严重时死亡率高达 40％。

预防措施

①保持水质清洁。

②投喂新鲜饲料，不投喂变质饲料。

③放鳅种前，要用 3％的食盐水对泥鳅消毒 10 分钟。

治疗方法

①每 50 千克泥鳅用复方新诺明 5 克，加抗坏血酸盐 0.5 克拌饲料投喂，连喂 3 天即可。

②每 50 千克泥鳅用 15 克大蒜拌料投喂。2～6 天后减半继续投喂。

③每 50 千克泥鳅用 2 克诺氟沙星拌料投喂。

④按饲料重的 5％添加"鱼用多维"拌料投喂，连喂 3 天即可。

34. 如何防治泥鳅水霉病？

泥鳅水霉病是由水霉菌寄生引起。在鳅体受伤或局部组织坏死时容易被感染寄生，当水温发生剧烈变化以及季节交替时也容易发生此病。泥鳅得水霉病后其体表附着棉絮状的"白毛"，接着创口发生溃烂。水霉菌在 5～26℃均可生长繁殖，最适温度 13～18℃，水质较清的水体易生长繁殖并流行，尤其是冬季蓄水期。水霉病主要危害泥鳅鱼卵及仔鱼，是泥鳅苗种期间常见病之一。

预防措施

①苗种下塘前要注意不要受伤，尤其是自然苗在捕捉、运输时，尽量避免机械损伤。

②泥鳅从卵到苗种阶段必须带水操作，动作应规范轻巧，避免鱼卵和鱼体受伤。

③用 2 毫克/升亚甲基蓝浸洗鱼卵 3～5 分钟。

④彻底清塘，灭绝病菌可有效预防该病的发生。

治疗方法

①用 0.5～0.8 毫克/升亚甲基蓝浸洗病鱼 20 分钟。

②用 2%～3% 的食盐水溶液浸洗病鱼 5～10 分钟。

③在孵化过程中，鱼卵易发生此病，可用 1 毫克/升亚甲基蓝溶液浸泡 30 分钟。

④用 0.04% 食盐水和 0.04% 小苏打合剂溶液洗浴病鱼 1 小时。

35. 如何防治泥鳅白身红环病？

白身红环病是泥鳅被捕捉后长期蓄养所致。病鱼体表及各鳍条呈灰白色，体表出现红色环纹，严重时患处溃疡。3～7 月是此病流行高峰期，全国各地均有发生。此病主要危害成鳅，严重时可引起泥鳅死亡。

预防措施

①泥鳅放养后用 0.2 毫克/升的二氧化氯泼洒水体。

②用生石灰彻底清塘。

治疗方法

①一旦发现此病，立即将病鳅移入静水池中暂养一段时间，可以起到较好效果。

②放养前用 5 毫升/升的二氧化氯溶液浸泡泥鳅 15 分钟。

③每亩用 1 千克干乌桕叶（合 4 千克鲜品）加入 20 倍重量的 2% 生石灰水浸泡 24 小时，再煮 10 分钟后带渣全池泼洒，使池水浓度为 4 毫克/升。

36. 如何防治泥鳅气泡病？

泥鳅气泡病是因水中氧气或其他气体含量过多而引起。泥鳅肠中充气而浮于水面，肚皮鼓起似气泡。气泡病在夏季高温季节流行，主要危害鱼苗。

预防措施

①及时清除池中腐败物，不施用未发酵的肥料。

②掌握好投饵量和施肥量，防止水质恶化。

③加水前进行曝气，充分降解水中有机物。

④加强日常管理，合理投饲，防止水质恶化。

治疗方法

①每亩用食盐 4～6 千克全池泼洒。

②发生气泡病时，立即冲入清水或黄泥浆水。

③用 0.7 毫克/升的硫酸铜化水全池泼洒。

④发病后适当提高水体 pH 值和透明度，具有很好的缓解作用。

37. 如何预防泥鳅弯体病？

泥鳅弯体病常因孵化时水温异常或水中重金属元素含量过高或缺乏必要的维生素及环境不良而引起。患病泥鳅骨骼变形，身体弯曲或尾柄弯曲。春夏之间和夏秋之间易发病，全国各地均可发生。从幼鳅到成鳅均会发生。

泥鳅弯体病目前尚无有效的治疗方法，主要以预防为主。

预防措施

①保持良好的孵化水温。

②在饵料中添加多种维生素。

③投喂的饲料要注意动物性、植物性饲料的搭配和无机盐添加剂的用量。

④经常换水，改良底质。

38. 如何防治泥鳅车轮虫病？

泥鳅车轮虫病是由车轮虫侵袭泥鳅的皮肤而造成的。泥鳅患病后离群独游，浮于水面缓慢游动，食欲减退。该病在春秋季节较为流行，轻则影响泥鳅生长，重则导致泥鳅大批死亡。

预防措施　放养前用生石灰彻底清塘。

治疗方法　发病水体每立方米水用硫酸铜 0.5 克和硫酸亚铁 0.2 克溶液全池泼洒；病鳅用 1%～2% 食盐水浸浴 5 分钟。

39. 如何防治泥鳅小瓜虫病？

小瓜虫病又名白点病，为病原体多子小瓜虫侵入鳅体所致。患病初期，病鳅的鳃和体表皮肤均有大量小瓜虫密集寄生时形成白点状囊泡。病鳅身体瘦弱，鳃组织被破坏，食欲减退，常呆滞状漂浮在水面不动或缓慢游动，最终因呼吸困难而死亡。泥鳅在一年四季都可感染此病，但有明显的季节性，3～5月、11～12 月为小瓜虫病流行盛期。水温 15～20℃ 最适宜小瓜虫繁殖，水温上升到 28℃ 或下降到 10℃ 以下，促使产生在鳅体表面的孢子快速成熟，使它们自鳅体表面脱落，脱落后不再流行。小瓜虫病是泥鳅的常见病、多发病之一，传染速度很快，从鳅苗到成鳅都会患病而大量死亡。

预防措施

①在放鳅苗前用生石灰彻底清塘。

②提高水温至 28℃ 以上，及时换新水并保持这一水温。

③加强饲养管理，增强鳅体免疫力。

④对于病鱼生活过的水泥池、池塘先要洗刷干净，再用 5% 食盐水浸泡

1～2 天，以杀灭小瓜虫及其孢囊，清水冲洗后再养泥鳅。

治疗方法

①用 2 毫克/升甲醛溶液浸洗鱼体，水温 15℃ 以下时浸洗 2 小时；水温 15℃ 以上时，浸洗 1.5～2 小时，浸洗后在清水中饲养 1～2 小时，使死掉的虫体与黏液脱落。

②用 167 毫克/升冰醋酸浸洗鱼体，水温在 17～22℃ 时，浸洗 15 分钟。相隔 3 天再浸洗 1 次，3 次为 1 疗程。

③用 0.01 毫克/升的甲苯达唑浸洗鱼体 2 小时，6 天后重复 1 次，浸洗后在清水中饲养 1 小时。

④用 200～250 毫克/升的甲醛溶液和 0.02 毫克/升的左旋咪唑合剂浸洗 1 小时，6 天后重复 1 次，浸洗后在清水中饲养 1 小时。

⑤用 2 毫克/升的甲基蓝溶液浸泡病鱼，每天浸泡 6 小时。

⑥按每亩水面水深 1 米，用辣椒粉 250 克，干姜片 100 克，将上述药物混合加水煮沸，全池泼洒。

⑦用土荆芥 30%，苦楝叶 40%，野芋叶 20%，紫花曼陀罗 10%，将上述药物混合加水煎汁至原药量的 2 倍，浸洗病鱼。

⑧按每亩水面水深 1 米，用青木香 1 千克，海金沙 1 千克，芒硝 1 千克，白芍 0.25 千克和当归尾 0.25 千克，煎水加大粪 7.5 千克泼洒，可预防此病。

40. 如何防治泥鳅三代虫病？

泥鳅三代虫病是由秀丽三代虫、鲢三代虫寄生于泥鳅的体表和鳃造成。少量寄生时，鳅体没有明显的症状，只是在水中显示不安的游泳状，鳅体的局部黏液增多，呼吸困难，体表无光。随着寄生数量的增加，病鳅体表有一层灰白色的黏液膜，病鳅瘦弱，呈极度不安，时而狂游于水中，继而食欲减退，游动缓慢，终至死亡。全年均可发生，但以 5～6 月更为多见，全国各地都有此病流行。此病对鳅苗、鳅种危害较大，严重时能引起泥鳅死亡。

预防措施

①鳅池每亩水面水深 1 米，用生石灰 60 千克，带水清塘。

②鳅种放养前用 1 毫克/升晶体敌百虫浸洗 20～30 分钟。

治疗方法

①在水温 10～20℃ 条件下，用 20 毫克/升的高锰酸钾水溶液浸洗病鱼 10～20 分钟。

②用 0.7 毫克/升的晶体敌百虫水溶液浸洗病鳅 15～20 分钟后，再用清水洗去鳅体上的药液，放回缸中精心饲养。

③用 0.2～0.4 毫克/升的晶体敌百虫溶液全池遍洒。

41. 如何防治泥鳅舌杯虫病?

泥鳅舌杯虫病是由舌杯虫寄生造成的。虫体寄生于泥鳅的鳃内和皮肤上，平时靠摄取周围水体中的营养生活，对泥鳅的组织没有破坏作用，因此感染程度不高，也没有形成太大的危害。当寄生的舌杯虫数量较多或并发车轮虫时，会影响泥鳅的呼吸机制，导致泥鳅呼吸困难，更严重时就会导致泥鳅死亡。对幼泥鳅，特别是 1.5～2 厘米的鳅苗伤害较重，如果发生该病时，往往幼小的泥鳅先死亡。一年四季都会发病，以 5～8 月份较为普遍。

预防措施

①按常规方法用生石灰对池塘彻底消毒。

②在鳅种放养前用 8 克/米³ 的硫酸铜溶液浸洗 15～20 分钟。

治疗方法

用 0.7 克/米³ 的硫酸铜和硫酸亚铁合剂（5:2）溶水全池泼洒。

42. 如何防治泥鳅的机械损伤?

因使用的工具不合适或换注水时操作不慎，鳅体受到挤压，或运输时受到强烈而长时间的振动等，使鱼体受到机械性损伤。泥鳅受到机械损伤，受伤泥鳅失去正常活动能力，仰卧或侧游于水面，严重的立即死亡。也可能导致该部分皮肤坏死，甚至肌肉深处创伤，有时候虽然伤得并不严重，但因为损伤后往往会继发微生物或寄生虫病，也可引起后续性死亡。

预防措施

①改进饲养条件，改进渔具和容器，尽量减少捕捞和搬运，在捕捞和搬运时要小心谨慎操作，并选择适当的时间。

②室外越冬池的底质不宜过硬，在越冬前应加强育肥。

治疗方法

①在人工繁殖过程中，因注射或操作不慎而引起的损伤，对受伤部位可采用涂抹金霉素或稳定性粉状二氧化氯软膏，然后浸泡在浓度为 2 毫克/升四环素药液中，对受伤较严重的鱼体可以肌肉注射链霉素等抗生素类药物。

②将病鱼泡在四环素、土霉素、青霉素等稀溶液里进行药浴，浓度 1～2 毫克/升。

③直接在外伤处涂抹红药水（应避免涂在眼部），每天 1～2 次。

43. 如何防治凶猛鱼类和其他敌害?

对泥鳅养殖造成危害的凶猛鱼类主要有：鳜鱼、鲶鱼、乌鳢、鳖等。对它们的处理方法就是在放养鳅种前要彻底清塘。

对于其他敌害生物可采取不同的处理方法，见到青蛙的受精卵和蝌蚪就要立即捞走；对于水鸟可用鞭炮或扎稻草人或用死的水鸟来驱赶；对于鸭子则要加强监管工作，不能放任下塘；对于鼠类可用地笼、鼠夹等诱杀，见到鼠洞立即灌灭鼠药来杀灭；发现水蜈蚣、红娘华时，用含量为 95% 的晶体敌百虫化水全池泼洒，用量为 0.5～1 克/米^3，也可在水蜈蚣聚集的水草、粪渣堆处，用含量为 95% 的晶体敌百虫化水泼洒杀灭，用量为 2～3 克/米^3，效果很好；对于水蛇，可用硫黄粉来驱赶，效果十分显著，每亩用量为 1.5 千克，将其撒在池埂四周即可。

参考文献

［1］印杰．泥鳅健康养殖技术［M］．北京：化学工业出版社，2008．

［2］潘建林．黄鳝与泥鳅养殖新技术［M］．上海：上海科学技术出版社，2002．

［3］秦莉．泥鳅养殖六要素［J］．农业致富，2007（18）：40．

［4］印杰，张从义，蔡聪梅，等．泥鳅池塘养殖的日常管理［J］．重庆水产，2008（4）：28．

［5］占家智，羊茜．水产活饵料培育新技术［M］．北京：金盾出版社，2002．

［6］徐在宽，徐明．怎样办好家庭泥鳅黄鳝养殖场［M］．北京：科学技术文献出版社，2010．

［7］北京市农林办公室，北京市科学技术委员会，北京市水产总公司．北京地区淡水养殖实用技术［M］．北京：北京科学技术出版社，1992．

［8］凌熙和．淡水健康养殖技术手册［M］．北京：中国农业出版社，2001．

［9］戈贤平．淡水优质鱼类养殖大全［M］．北京：中国农业出版社，2004．

［10］江苏省水产局．新编淡水养殖实用技术问答［M］．北京：农业出版社，1992．